普通高等教育系列教材

AutoCAD 2016 工程制图

第 5 版

江 洪 薛宏丽 黄 娟 等编著

机械工业出版社

AutoCAD 2016 是目前最流行的 CAD 软件之一，广泛应用于机械、建筑、电子、航天和水利等工程领域。

本书将画法几何、工程制图和计算机应用几方面的知识有机结合，在进行知识点讲解的同时，列举了大量的实例，培养了读者的空间想象力。读者可以边学边操作，轻松地学习工程制图及有关的国家标准，掌握 AutoCAD 2016 的使用方法和技巧。

本书用具体的实例讲述了 AutoCAD 的功能，如奇妙的几何图形的绘制、工具选项板、尺寸和几何约束、外部参照、参数化的动态块、文字、查询、参数化绘图、几何约束绘图、批量打印、拼图打印等。本书结构合理，语言通俗，实例丰富，读者可以举一反三、融会贯通地高效绘制图形。

本书可作为高等院校的 CAD 课程教材，也可供工业设计领域的工程技术人员，以及 CAD / CAM 研究与应用人员参阅。

图书在版编目（CIP）数据

AutoCAD 2016 工程制图 / 江洪等编著. —5 版. —北京：机械工业出版社，2016.3
（2023.8 重印）
普通高等教育系列教材
ISBN 978-7-111-53238-5

Ⅰ. ①A… Ⅱ. ①江… Ⅲ. ①AutoCAD 软件－高等学校－教材 Ⅳ. ①TP391.72

中国版本图书馆 CIP 数据核字（2016）第 053217 号

机械工业出版社（北京市百万庄大街 22 号 邮政编码 100037）
策划编辑：和庆娣 责任编辑：和庆娣
责任校对：张艳霞 责任印制：邓 博
北京盛通商印快线网络科技有限公司印刷

2023 年 8 月第 5 版·第 8 次印刷
184mm×260mm·18 印张·445 千字
标准书号：ISBN 978-7-111-53238-5
定价：59.00 元

电话服务　　　　　　　　　　　网络服务
客服电话：010-88361066　　　机 工 官 网：www.cmpbook.com
　　　　　010-88379833　　　机 工 官 博：weibo.com/cmp1952
　　　　　010-68326294　　　金 书 网：www.golden-book.com
封底无防伪标均为盗版　　　　　机工教育服务网：www.cmpedu.com

前　　言

AutoCAD 2016 是目前最流行的 CAD 软件之一，是由美国 Autodesk 公司专门开发来用于计算机辅助设计的软件。Autodesk 公司自从 1982 年推出第一个版本的 AutoCAD 以来，不断完善其功能并保持技术领先地位，已经将 AutoCAD 进行了多次升级。每次升级都带来一些功能的改进，使其绘制功能更强大、操作更灵活，更适合于设计小组共同工作。目前 AutoCAD 已经广泛应用于机械、建筑、电子、航天和水利等工程领域。

AutoCAD 2016 的二维功能十分强大，现代工程制图已经完全能用 AutoCAD 来绘制。工程图样是工程界的语言，是表达设计思想最重要的工具。要将自己的设计方案规范、美观、符合国家标准（简称"国际"或"GB"）地表达出来，不仅要掌握 AutoCAD 2016 的基本知识，还要了解国家标准的有关规定，熟悉机械制图规范。本书的编写目的就是帮助广大读者绘制出符合国家标准的、漂亮的机械图样。

本书不是简单地讲述如何使用 AutoCAD 2016，也不是单纯地介绍机械制图，而是讲述如何使用 AutoCAD 2016 进行规范化工程制图。本书没有枯燥地罗列软件的命令，而是紧密结合工程图样，结合作者多年的实践经验和教学经验选取典型的实例，用实际的操作过程来覆盖软件的命令，在实例中融合了如何绘制机械图样以及如何使绘制的机械图样符合国家标准等知识。

本书的特点是将画法几何、工程制图和计算机应用结合起来，在进行知识点讲解的同时，列举了大量的实例，培养了读者的空间想象力。读者可以边学边做，轻松地学习工程制图及有关的国家标准，在实践中掌握 AutoCAD 2016 的使用方法和技巧，为将来的课程设计和毕业设计打下坚实的基础，为将来步入社会做好准备。

本书的另一个特点是用具体的实例讲述了 AutoCAD 版本近年来的新功能及绘图技巧，例如参数化绘图、表格的应用、动态输入、图纸集、动态块、2016 版的三维新功能等。此外，还讲解了一些实用技巧：如距离为 0 的圆角和倒角、等距命令画宽相等、倒角的标注、三种公差的标注方法、圆跳动及零件序号不符合国标的解决方法等。

本书内容翔实、图文并茂、语言简洁、思路清晰、模型典型。同时，为了便于教师讲解和学生练习，本书还给出讲课素材和上机练习题答案，读者可以从 http://www.cmpedu.com/网站下载。

本书在第 4 版的基础上进行了如下修订：修改了第 1 章，增加了第 2 章，在各章中加进了 AutoCAD 2016 的新功能，更换了部分实例和习题，调整了叙述风格。

参加本书编写的人员有江洪、薛宏丽、黄娟、琚龙玉、于文浩、陆颖、薛红涛、黄建宇、马龙飞、王子豪、陈灵卿、唐建、王满、郭清清、郭子权、刘爱松、沈健、葛攀雷、蒋侃、钱宽、赖泽豪、杨勇福、王储希男、孙阿潭、刁怀伟、周扬扬、李重重、许荣洲、朱超、曹威。

由于编写时间仓促，书中难免有疏漏之处，恳请广大读者批评指正。

编　者

目　录

第1章 AutoCAD 2016 的基础知识

本章主要介绍了 AutoCAD 的功能特点、工作界面、基本操作方法、文件的管理、选择方式和精确绘图等，使用户对 AutoCAD 软件有一些简单了解，以便进一步学习。

1.1 AutoCAD 2016 的工作界面

AutoCAD 的工作界面就是操作 AutoCAD 的窗口，熟悉 AutoCAD 的工作界面是熟练应用 AutoCAD 软件的基本条件之一。

1.1.1 启动 AutoCAD 2016

启动 AutoCAD 2016 的方法很多，通常可采用以下 3 种方法。

（1）在 Windows 桌面上双击 AutoCAD 2016 中文版快捷图标▲。

（2）单击 Windows 桌面左下角的"开始"按钮，在弹出的菜单中选择"所有程序"→"Autodesk"→"AutoCAD 2016-简体中文（Simplified Chinese）"→"AutoCAD 2016-简体中文（Simplified Chinese）"命令，如图 1-1 中①～⑤所示。

图 1-1 启动 AutoCAD 2016

（3）在"计算机"或"资源管理器"中双击任意一个 AutoCAD 图形文件（*.dwg 文件）。

启动 AutoCAD 2016 中文版后，系统会弹出启动界面，AutoCAD 2016 的用户界面更加人性化，有"快速入门""最近使用的文档""通知"等选项。单击屏幕左上方的"新建"按钮▢（如图 1-2 中①所示），在弹出的"选择样板"对话框中单击"打开"按钮 打开(O) ▼（如图 1-2 中②所示，此时默认的是公制单位，单位是 mm，模板为 acadiso.dwt 或 acadltiso.dwt）后进入 AutoCAD 2016 的工作界面，如图 1-3 所示。

图 1-2　AutoCAD 2016 的启动界面

图 1-3　AutoCAD 2016 的工作界面

　　AutoCAD 2016 的工作界面是通过工作空间来组织的。工作空间是由菜单、工具栏、选项板和功能区控制面板组成的集合。

　　AutoCAD 2016 的工作界面包括标题栏、功能区、快速访问工具栏、绘图窗口、命令行窗口、菜单栏、文本窗口、状态栏、工具栏、工具选项板等。

1.1.2 标题栏

AutoCAD 2016 和其他 Windows 应用程序相似，其标题栏位于工作界面的顶部，左边显示应用程序图标及当前所操作图形文件的名称。单击左上角的"应用程序"按钮，如图 1-4 中①所示，弹出"应用程序"菜单，可进行相应的操作，如图 1-4 中②所示。右边分别是："窗口最小化"按钮、"窗口最大化"按钮、"关闭窗口"按钮，可以实现对窗口状态的调节，如图 1-4 中③～⑤所示。

图 1-4 AutoCAD 2016 标题栏

1.1.3 功能区

功能区由若干个选项卡组成，每个选项卡又由若干按一定次序排列的命令按钮组成（如图 1-5 所示）。与传统的工具栏类似，功能区提供了 AutoCAD 2016 默认命令的快捷方法。单击选项卡的标签，可以在选项卡之间切换，以显示不同的命令按钮。

图 1-5 功能区

选项卡的面板上有多个命令按钮，有一部分在默认状态下并不显示出来，如图 1-6 左方所示。单击"圆"按钮下方的下拉箭头▼（如图 1-6 中①所示），将其展开（如图 1-6 中②所示）。单击"绘图"按钮下方的下拉箭头▼（如图 1-6 中③所示），将其展开（如图 1-6 中④所示）。此外，还可以单击"锁定"按钮/或"解锁"按钮，将其锁定或解锁，如图 1-6 中⑤所示。

图1-6 展开命令

对于 AutoCAD 的老用户，可以通过单击"快速访问工具栏"右侧的下拉箭头，如图1-7中①所示。在弹出的下拉菜单中选择"显示菜单栏"命令，如图1-7中②所示，可在使用功能区的同时，显示出 AutoCAD 的传统菜单，如图1-7中③所示。

图1-7 显示菜单栏

1.1.4 快速访问工具栏

快速访问工具栏中包含最默认的一些命令。单击快速访问工具栏右侧的下拉箭头，如图1-8中①所示。在弹出的下拉菜单中通过勾选项目可在"快速访问工具栏"上添加命令按钮，在已勾选的项目上再次单击可移除命令按钮，如图1-8中②～④所示。此外，还可将快速访问工具栏显示在功能区的上面或下面。

图 1-8　快速访问工具栏

1.1.5　绘图窗口

绘图窗口是 AutoCAD 绘制、编辑图形的区域。绘图窗口中的光标为十字光标，用于绘制图形和选择图形对象，十字线的中心为光标当前位置，十字线的方向与当前用户坐标系的 X 轴、Y 轴方向平行；绘图窗口左下角有一个坐标系图标，用于反映当前所使用的坐标系形式和坐标方向；绘图窗口左下方有一个选项卡控制栏 ，用户通过单击"模型"或"布局"标签，即可在模型空间和图纸空间之间进行切换。

1.1.6　命令行窗口

命令行窗口位于绘图窗口的下方（如图 1-9 所示），是用户输入命令名和显示命令提示信息的区域。用户可以用改变一般 Windows 窗口的方法来改变命令行窗口的大小。通过快捷键〈Ctrl+9〉可实现显示和隐藏命令行的操作。

图 1-9　命令行窗口

1.1.7　菜单栏

AutoCAD 2016 的菜单栏中包含 12 个菜单："文件""编辑""视图""插入""格式""工具""绘图""标注""修改""参数""窗口"和"帮助"，AutoCAD 2016 的主要命令都在其内。下拉菜单中的命令可分为图 1-10～图 1-12 所示的 3 种。

图 1-10　普通菜单命令　　　　图 1-11　级联菜单命令　　　　图 1-12　对话框菜单命令

（1）普通菜单命令：普通菜单命令无任何标记，单击该菜单命令即可执行相应的操作。

（2）级联菜单命令：级联菜单命令右侧有一个黑色小三角，表示该菜单命令中还包括多个子菜单，将鼠标移至此处，将自动弹出下一级菜单（称为级联菜单），可在级联菜单中选择菜单命令。

（3）对话框菜单命令：如果菜单命令后带有"…"，表示选择该菜单命令后将弹出一个对话框，用户根据该对话框进行相应的操作。

1.1.8　文本窗口

AutoCAD 2016 的文本窗口实质上与命令行窗口具有相同的信息，该窗口的默认设置是关闭的，按〈F2〉键可实现绘图窗口和文本窗口的切换。AutoCAD 的某些命令（如 LIST 等）会自动打开文本窗口，并显示图 1-13 如示信息。

图 1-13　文本窗口

1.1.9 状态栏

AutoCAD 2016 的状态栏位于屏幕的底部。状态栏上显示的工具可能会发生变化，具体取决于当前的工作空间以及当前显示的是"模型"选项卡还是"布局"选项卡。用户可通过状态栏对某些最默认的绘图工具进行快速调用，可以切换设置（例如夹点、捕捉、极轴追踪和对象捕捉），也可以通过单击某些工具按钮的下拉箭头进行其他设置。

状态栏中的按钮处于按下状态，表示绘图时使用相应的功能；状态栏中的按钮处于弹起状态，表示绘图时不能使用相应的功能。

1.1.10 工具栏

工具栏是一组图标型工具的集合。工具栏提供了 AutoCAD 2016 默认命令的快捷方法。调出工具栏的步骤是，选择"工具"→"工具栏"→"AutoCAD"→"修改"菜单命令，如图 1-14 中①～④所示。调出的"修改"工具栏如图 1-14 中⑤所示。

图 1-14　调出"修改"工具栏

工具栏可以处在固定状态也可处在浮动状态。对于图 1-15 所示绘图工具栏（浮动状态），可单击右上角的"关闭"按钮，关闭该工具栏；将光标移到标题区，按住鼠标左键，可拖动该工具栏在屏幕上自由移动，当拖动到图形区边界时，工具栏变成固定状态。同样，处于固定状态的工具栏也可被拖出，成为浮动的工具栏。

图 1-15　浮动状态的工具栏

通过右击任意一个工具栏上的图标，弹出快捷菜单，在工具栏的名称列表中勾选或取消勾选某些工具栏，也可达到增减某些工具栏的目的。

1.2 文件管理

本节主要介绍新建图形文件、打开图形文件和保存文件等内容。

1.2.1 新建图形文件

启动 AutoCAD 2016 后，可采用以下几种方法来激活新建文件命令。

- 菜单栏：选择"文件（F）"→"新建（N）"菜单命令。
- 工具栏：单击"标准"或"快速访问工具栏"上的"新建"按钮。
- 命令栏：NEW。
- 快捷键：〈Ctrl+N〉。

系统打开"选择样板"对话框。从样板文件"名称"列表框中选择一种样板文件（如图 1-16 中①所示）后自动输入文件名（如图 1-16 中②所示）；或者单击"打开"按钮右侧的下拉箭头，如图 1-16 中③所示，从弹出的下拉列表中选择"无样板打开-公制"命令，如图 1-16 中④所示，然后单击"打开"按钮，如图 1-16 中⑤所示。

图 1-16 "选择样板"对话框

1.2.2 打开图形文件

在 AutoCAD 2016 工作界面中，单击"快速访问工具栏"中的"打开"按钮，或选择 "文件"→"打开"菜单命令，或使用快捷键〈Ctrl+O〉，或在命令行中输入命令"OPEN"，均可打开"选择文件"对话框。在"文件类型"下拉列表框中，用户可选择"图形（*.dwg）""标准（*.dws）""DXF（*.dxf）""样板文件（*.dwt）"，如图 1-17 中①②所示。选择要打开的文件，然后单击"打开"按钮，如图 1-17 中③、④所示，则可打开该文件。

图1-17 "选择文件"对话框

1.2.3 局部打开图形文件

当处理大而复杂的图形时，用户可只打开现在关注的那部分图形（基于视图或图层来打开均可），从而提高工作效率。

在"选择文件"对话框中选择欲打开的文件，如图 1-18 中①所示。然后单击"打开"按钮右侧的下拉箭头，从弹出的下拉列表中选择"局部打开"命令，如图 1-18 中②③所示。在随后弹出的"局部打开"对话框中，按视图或图层选择要打开的部分，单击"打开"按钮，如图 1-18 中④⑤所示。

图1-18 "局部打开"对话框

1.2.4 保存文件

在 AutoCAD 2016 工作界面中，单击"快速启动工具栏"中的"保存"按钮 ，或选择"文件"→"保存"菜单命令，或使用快捷键〈Ctrl+S〉，或在命令行输入命令"QSAVE"，均可执行保存文件的操作。若文件已命名，则 AutoCAD 2016 自动保存；若文件未命名，则自动打开"图形另存为"对话框。在该对话框中，可以对文件命令保存，并且可以在"文件类型"下拉列表框中选择保存文件的类型，如图 1-19 中①②所示。

在 AutoCAD 2016 工作界面中，选择"文件"→"另存为"菜单命令或使用快捷键〈Ctrl+Shift+S〉或在命令行中输入命令"SAVEAS"，则自动打开"图形另存为"对话框。

如果在"图形另存为"对话框中选择"工具"→"安全选项"菜单命令，如图 1-19 中③④所示，则会弹出"安全选项"对话框。

图 1-19 "图形另存为"对话框

在"安全选项"对话框的"密码"选项卡中，可以在"用于打开此图形的密码或短语"文本框中输入密码，如图 1-20 中①所示，单击"确定"按钮将打开"确认密码"对话框。在"再次输入用于打开此图形的密码"文本框中再次输入密码，如图 1-20 中②所示，单击"确定"按钮返回到"图形另存为"对话框。

对图形添加密码时，可以选择是否对图形的特性进行加密，还可以指定加密类型和密钥长度。在进行密码设置时，可以在"密码"选项卡中单击"高级选项"按钮，如图 1-20 中④所示。在弹出的"高级选项"对话框中输入密钥长度等，单击"确定"按钮，如图 1-20 中⑤所示。

加密主要用于防止数据被盗取。密码可以是一个单词，也可以是一个短语，建议使用默认字符。使用的字符越多，未经授权的程序或"密码破解程序"就越难破解密码。

图 1-20 设置密码

(!) **注意**

如果密码丢失或遗忘，将无法恢复，因此应将密码列表及其相应的 DWF 图形文件名保存在安全的位置。

打开有密码保护的图形文件时系统将弹出"密码"对话框，如图 1-21 所示。必须输入密码，否则无法打开图形文件。输入密码后，除非将密码删除，否则即使修改和保存文件，文件仍将继续使用该密码。

图 1-21 "密码"对话框

从图形中删除密码的步骤为：

（1）选择"工具"→"选项"菜单命令，弹出 "选项"对话框。

（2）在"选项"对话框的"打开和保存"选项卡中单击"安全选项"按钮，如图 1-22 中①②所示。

（3）在"安全选项"对话框的"密码"选项卡中，清除"用于打开此图形的密码或短语"文本框中的内容，如图 1-22 中③所示。单击"确定"按钮，如图 1-21 中④所示，弹出"已删除密码"对话框，单击"确定"按钮，如图 1-22 中⑤所示。

图 1-22　删除密码

1.2.5　创建和恢复备份文件

计算机的硬件问题、电源故障或电压波动、用户操作不当或软件问题等均会导致计算机出现错误。经常保存可以确保在系统发生故障时将丢失数据的概率降到最低。出现问题时，用户可以恢复图形备份文件。

在"选项"对话框的"打开和保存"选项卡中，可以指定在保存图形时创建备份文件，如图 1-22 中⑥⑦所示。执行此操作后，每次保存图形时，图形的早期版本将保存为具有相同名称并带有扩展名*.bak 的文件。该备份文件与图形文件位于同一个文件夹中。

如果不慎错误地保存了图形文件，则可以使用备份文件来恢复到保存前的状态。要从备份文件中恢复图形文件，可以设置系统的文件夹选项（随操作系统的不同而不同）。使用 Windows 7 系统的用户可以在文件夹的浏览窗口中选择"工具"→"文件夹选项"菜单命令，确保"查看"选项卡中"隐藏已知文件类型的扩展名"复选框未选中，如图 1-23 所示。

在文件夹的浏览窗口中直接将扩展名为"bak"的文件重命名为以"dwg"为扩展名的文件，即可恢复为备份版本。可能需要将其复制到另一个文件夹中，以免覆盖原始文件。

图 1-23 设置文件夹扩展名显示

1.3 命令

AutoCAD 2016 的一切操作都是通过 AutoCAD 2016 的命令和系统变量来完成的。AutoCAD 2016 命令用于完成具体的操作，而 AutoCAD 2016 系统变量用于设置和记录 AutoCAD 2016 的运行环境、状态和参数。

AutoCAD 2016 现在提供了自动完成选项。当输入命令时，系统自动提供一份清单，列出匹配的命令名称、系统变量和命令别名。这里以"圆"命令为例，在命令行中输入"圆"命令的简称 C（这里不区分大小写），稍等片刻，系统就会出现一系列的清单，如图 1-24 中①所示，这时便可以选择所需要命令。若在清单列表中右击，会出现图 1-24 中②所示列表选项。这时可对列表选项进行设置，这里单击"显示图标"选项，使之不勾选，如图 1-24 中③所示。这时命令列表前面的图标就不显示了，如图 1-24 中④所示。

图 1-24 命令行的自动完成功能

> 🛈 **注意**
> 本书约定：执行命令时，有灰色背景的部分表示是需要用户操作的，括号内是说明，其中"↙"表示按〈Enter〉键）。

1.3.1 调用命令的 3 种方式

（1）在命令行中输入命令全称或简称，不分大小写，例如 CIRCLE 或者 C。

例：通过命令绘制圆的执行过程如下。

命令:c↙（输入命令，按〈Enter〉键）
CIRCLE 指定圆的圆心或 [三点(3P)/两点(2P)/切点、切点、半径(T)]:用鼠标在屏幕上单击任意一点以输入圆心坐标
指定圆的半径或 [直径(D) <10.0000>]:d↙（选择用直径的方式画圆，按〈Enter〉键）
指定圆的直径<30.0000>:800↙（输入直径 800，按〈Enter〉键）

说明：

1）方括号"[]"中的斜杠"/"隔开的内容表示各个选项。若要选择某个选项，则需要输入圆括号中的字母，可以是大写字母，也可以是小写字母，例如上例中想用直径画圆则输入了"d"。

2）尖括号"< >"中的内容是当前的默认值。若想采用默认值，直接按〈Enter〉键（即回车键）即可。

3）AutoCAD 的命令是交互式的，当输入命令或命令选项或几何数据后，必须按〈Enter〉键确认，系统才执行命令。

4）在 AutoCAD 2016 中，还可以通过"快捷菜单"选择命令选项。在上例中，当出现"指定圆的圆心或 [三点(3P)/两点(2P)/相切、相切、半径(T)]:"提示时，右击，弹出快捷菜单，可用鼠标从中快速选择所需要的选项。不同的命令进程有不同的快捷菜单命令。

（2）选择菜单命令，同时在状态栏中可以看到对应的命令说明和命令名。

（3）单击"功能区"或者"工具栏"中的按钮，此方法也可以在状态栏中看到对应的命令说明和命令名。

三键滚轮鼠标的功能如图 1-25 所示。

图 1-25　三键滚轮鼠标的功能

1.3.2 命令的取消和重复执行

（1）命令的取消。在任何时刻都可以按〈Esc〉键取消和终止命令的执行。按快捷键〈Ctrl+Z〉或单击屏幕最上方的"放弃"按钮 或输入取消命令"UNDO"后按〈Enter〉键，均可以取消刚刚执行的操作。

（2）命令的重复执行。若要在命令执行完毕后再次执行该命令，可在命令行中的"命令:"提示下按〈Enter〉键或空格键，还可以在绘图区中任意位置右击，从弹出的快捷菜单中选择刚执行过的命令。

1.3.3 透明命令的使用

许多命令都可以透明使用，即可以在使用某个命令时，在命令行中输入这些命令或在工具栏中单击相应的按钮，待该命令执行后，系统继续执行原命令。透明命令默认为更改图形设置或显示选项。

不是所用的命令都能透明使用，在透明使用某命令时可单击工具栏按钮或在输入命令前输入单引号"'"。

1.4 数据的输入方法

1.4.1 点的输入

（1）在命令行中输入点的坐标。点的坐标有直角坐标、极坐标、柱面坐标和球面坐标 4 种，最为默认的是直角坐标和极坐标。

直角坐标有两种输入方式：x,y[,z]（点的绝对坐标值，如坐标 (3,2,5) 指定一个沿 X 轴正方向 3 个单位，沿 Y 轴正方向 2 个单位，沿 Z 轴正方向 5 个单位的点，如图 1-26 中①所示）和@ x,y[,z]（相对于上一点的相对坐标值，如@ 80,50）。坐标值都相对于当前的用户坐标系。

极坐标也有两种输入方式：长度<角度（其中长度为点到坐标原点的距离，角度为原点到该点连线与 X 轴正向的夹角，如 100<30）或@长度<角度（相对于上一点的相对极坐标，如@100<30）。

柱面坐标表示三维空间位置，用 ρ、θ 和 Z 表示，ρ 表示在 XY 平面中距 UCS 原点的距离，θ 表示在 XY 平面中与 X 轴所成的角度，Z 表示沿 Z 轴的距离。比如 5<30,8（在 XY 平面上指定距离 UCS 原点 5 个单位的点、在 XY 平面上与 X 轴正方向成 30°，并沿 Z 轴正方向延伸 8 个单位，绝对坐标，如图 1-26 中②所示），@10<45,30（相对坐标）。

球面坐标表示三维空间位置，用 R、θ 和 β 表示，R 表示球半径，θ 表示在 XY 平面中与 X 轴正方向所成的角度，β 表示与 XY 平面所成的角度。比如 5<45<15（表示距离 XY 平面上的 UCS 原点 5 个单位长度、与 XY 平面上的 X 轴正方向成 45°并位于 XY 平面上方与其夹角为 15°的点，绝对坐标，如图 1-26 中③所示），@10<45,30（相对坐标）。

图 1-26　坐标输入

注意

透视图不支持"动态输入"功能。

（2）在动态输入工具栏中输入点的坐标。在默认设置下，第二个点和后续点的默认设置为相对极坐标。不需要输入"@"符号。如果需要使用绝对坐标，须使用前缀"#"。例如要画一直线，其第二点在原点，在提示输入第二个点时输入　"#0,0"。

（3）用鼠标在屏幕上直接单击，这时的数据往往是不精确的。

（4）利用捕捉、对象捕捉等辅助绘图工具捕捉屏幕上的特殊点（如圆心、端点、中点、切点和垂足等）。

（5）先用光标拉出橡皮筋线（捕捉或者追踪的虚线），再输入距离值。

1.4.2　距离值和角度值的输入

对于高度、宽度、长度、半径等距离值的输入，系统提供了以下方式：一种是在命令行或动态输入工具栏中输入数值；另一种是在屏幕上点取两点，以两点距离确定所需要距离值。

角度值的输入和距离值的输入相似。一种是在命令行或动态输入工具栏中输入数值；另一种是在屏幕上点取两点，以第一点到第二点连线与正 X 轴的夹角确定所需要角度值。

1.5　显示控制

在一幅图形的绘制和编辑过程中，经常要对所画的图形进行缩放、平移和重生成等操作。

1.5.1　显示缩放

显示缩放能放大或缩小图形对象的视觉尺寸，而其实际尺寸则保持不变。

显示缩放命令中的"实时"可采用以下几种方法之一来激活。

- 功能区：单击"视图"标签→"二维导航"面板→"实时"按钮。
- 菜单栏：选择"视图(V)"→"缩放(L)"→"实时(R)"菜单命令。
- 工具栏：单击"标准"工具栏上的"实时缩放"按钮。
- 命令栏：ZOOM（缩写名：Z，可以透明使用）。

激活缩放命令后，系统提示为：

命令:z✓（输入命令，按〈Enter〉键）

ZOOM

指定窗口的角点，输入比例因子(nX 或 nXP)，或者

[全部(A)/中心(C)/动态(D)/范围(E)/上一个(P)/比例(S)/窗口(W)/对象(O)] <实时>:c✓（缩放显示由中心点和高度所定义的窗口。高度值较小时增加放大比例，高度值较大时减小放大比例，在透视投影中不可用）

　指定中心点:在屏幕上适当位置单击

　输入比例或高度 <1264.6317>:800✓（输入高度 800，按〈Enter〉键）

　命令:✓（重复执行缩放命令）

ZOOM

指定窗口的角点，输入比例因子 (nX 或 nXP)，或者

[全部(A)/中心(C)/动态(D)/范围(E)/上一个(P)/比例(S)/窗口(W)/对象(O)] <实时>:0.5x✓（将图形<缩小50%>显示）

　　在绘图区内任意位置右击，在弹出的快捷菜单中选择"缩放"命令，如图 1-27 中①所示。光标呈放大镜形状 Q^+，表示进入实时缩放模式。按住鼠标左键向上拖动或向左拖动，图形将随着鼠标的移动而放大；按住鼠标左键向下拖动或向右拖动，图形将随着鼠标的移动而缩小。即从图形窗口中当前光标点处向外移，图形显示变大；向内移则图形显示缩小。按〈Esc〉键退出命令或者在绘图区内任意位置右击，在弹出的快捷菜单中选择"退出"命令，如图 1-27 中②所示。

图 1-27　快捷菜单

🛈 **注意**

　　显示缩放命令 ZOOM 和比例缩放命令 SCALE 是不同的。用显示缩放命令 ZOOM 时图形的实际尺寸不变，而使用比例缩放命令 SCALE 后图形的实际尺寸变化了，两者的图形几何关系均是保持不变的。

1.5.2　显示平移和重生成

　　显示平移改变视图而不更改查看方向或比例。

　　显示平移命令中的"实时"可采用以下几种方法之一来激活。

- ⌘功能区：单击"视图"标签→"二维导航"面板→"平移"按钮。
- ⌘菜单栏：选择 "视图(V)"→"平移(P)"→"实时"菜单命令。
- ⌘工具栏：单击"标准"工具栏上的"实时平移"按钮🖐。
- ⌘命令栏：PAN（缩写名为 P，可透明使用）。
- 快捷菜单：不选定任何对象，在绘图区域右击，在弹出的快捷菜单中选择"平移"命令。在绘图区中，光标变成手的形状🖐，表示进入实时平移模式。按住鼠标，拖动手形图标，图形将随着鼠标移动，移动到适当的位置后按〈Enter〉键或〈Esc〉键即可退出平移状态。

重生成将使原来显示不光滑的图形重新变得光滑。

输入"REGEN"命令（缩写名为 RE），或选择"视图"→"重生成(G)"菜单命令，将刷新当前窗口中的所有图形对象。

1.6　精确绘图的方式

工程图样的绘制质量由精确绘图来保证。精确绘图直接关系到后续的制图问题，如图案填充、尺寸标注等。

下面介绍贯穿绘图始终的精确绘图的各种命令。

1.6.1　栅格和捕捉

栅格功能类似于坐标纸，如果打开捕捉功能，鼠标光标将不会连续移动，只能步进式地在坐标线上（即 X 轴或 Y 轴的间距线上）移动。捕捉间距在 X 方向和 Y 方向上一般相同，也可不同。

使用快捷键〈F7〉可打开或关闭栅格功能，使用快捷键〈F9〉可打开或关闭捕捉功能。按下屏幕最下方状态栏上的"捕捉模式"按钮▦或"栅格显示"按钮▦，也可打开或关闭栅格和捕捉功能。

1.6.2　对象捕捉

对象捕捉是 AutoCAD 精确定位于对象上某点的一种极为重要的方法。例如，使用对象捕捉可以绘制圆心或线段的中心。

用快捷键〈F3〉或者按下屏幕最下方状态栏上的"对象捕捉"按钮▭，可打开或关闭对象捕捉功能。

选择 "工具"→"绘图设置"菜单命令或者在命令行中直接输入"OS"或"OSNAP"命令或者在屏幕最下方状态栏上的"将光标捕捉到二维参照点"按钮▭或"显示图形栅格"按钮▦"捕捉到图形栅格"上右击，从弹出的快捷菜单中选择"设置"命令，可打开"设置"对话框。

单击"对象捕捉"选项卡，设置当前点的捕捉模式为"象限点"，如图 1-28 中①②所示，勾选"启用对象捕捉"复选框和"启用对象捕捉追踪"复选框，单击"确定"按钮，如图 1-28 中③～⑤所示。

图 1-28 "对象捕捉"选项卡

各对象捕捉模式的含义如表 1-1 所示。

表 1-1 各对象捕捉模式的含义

图标	捕捉点	说明
	端点（END）	捕捉到圆弧、椭圆弧、直线、多线、多段线、样条曲线、面域或射线的最近端点，以及宽线、实体或三维面域的最近角点
	中点（MID）	捕捉到圆弧、椭圆、椭圆弧、直线、多线、多段线、面域、实体、样条曲线或参照线的中点
	圆心（CEN）	捕捉到圆弧、圆、椭圆或椭圆弧的圆心
	节点（NOD）	捕捉到点对象、标注定义点或标注文字起点
	象限点（QUA）	相对于当前 UCS，捕捉到圆弧、圆、椭圆或椭圆弧的最左、最上、最右、最下点
	交点（INT）	捕捉到圆弧、圆、椭圆、椭圆弧、直线、多线、多段线、射线、面域、样条曲线或参照线的交点
	延伸（EXT）	当鼠标光标经过对象的端点时，显示临时延长线或圆弧，以便用户在延长线或圆弧上指定点
	插入点（INS）	捕捉到属性、块、形或文字的插入点
	垂足（PER）	捕捉圆弧、圆、椭圆、椭圆弧、直线、多线、多段线、射线、面域、实体、样条曲线或参照线的垂足
	切点（TAN）	捕捉到圆弧、圆、椭圆、椭圆弧或样条曲线的切点
	最近点（NEA）	捕捉到圆弧、圆、椭圆、椭圆弧、直线、多线、点、多段线、射线、样条曲线或参照线的最近点
	外观交点（APP）	捕捉到不在同一平面但是可能看起来在当前视图中相交的两个对象的外观交点
	平行（PAR）	捕捉图形对象的平行线

💡 **注意**

如果同时打开"交点"和"外观交点"执行对象捕捉，可能会得到不同的结果。

AutoCAD 2016 还提供了另一种对象捕捉的操作方式。即在命令要求输入点时，临时调用对象捕捉功能，此时将覆盖"对象捕捉"选项卡的设置，称为单点优先方式。此方法只对当前点有效，对下一点的输入就无效了。

在命令要求输入点时，同时按下〈Shift〉键和鼠标右键或者〈Ctrl〉键和鼠标右键，可弹出"对象捕捉"快捷菜单，如图 1-29 所示，选择相应的对象捕捉功能。

图 1-29 "对象捕捉"快捷菜单

使用捕捉来绘制图形有时是必然的选择，但更是一种良好的习惯，应当随时注意用对象捕捉功能来准确捕捉图形的某些特殊部位。

对象捕捉只影响屏幕上可见的对象，包括锁定图层、布局视口边界和多段线上的对象。不能捕捉不可见的对象、未显示的对象，关闭或冻结图层上的对象或虚线的空白部分。

有时需要暂时取消捕捉，这时可以单击"对象捕捉"工具栏上的"无捕捉"按钮 ，而由鼠标自由输入点。

在命令要求输入点时，先输入相应的对象捕捉标识字母，如圆心（cen）、中点（mid）等，即可打开所对应的对象捕捉功能。

临时追踪点并不是非得确定一个点的位置，而是先临时追踪到该点的坐标，然后在该点的基础上确定其他点的位置。当命令结束时，临时追踪点也随之消失。

⚠ 注意

请注意临时追踪虚线当前光标的位置，它决定了目标点的位置。如果光标位于临时追踪点的下方，那么所定位的目标点也位于追踪点的下方，反之，目标点位于临时追踪点的上方。

1.6.3 对象捕捉追踪

使用对象捕捉追踪功能之前，必须预先设置好对象捕捉。即对象捕捉追踪和对象捕捉功能应该配合使用。

对象捕捉追踪是使光标从对象捕捉点开始，沿着对齐路径进行追踪，同时会出现临时辅助线，并找到需要的精确位置。

使用快捷键〈F11〉可打开或关闭对象捕捉追踪功能，单击状态栏上的"对象追踪"按钮，也可打开或关闭对象捕捉追踪功能。

右击状态栏上的"显示捕捉参照线"按钮，从弹出的快捷菜单中选择"设置"命令，可打开"草图设置"对话框，在"对象捕捉"选项卡中进行"启用对象捕捉追踪"的设置。

输入"直线"命令"L"后，系统提示为：

命令:L↙（输入命令，按〈Enter〉键）
LINE
指定第一个点:移动鼠标捕捉圆的右象限点（即在圆的右象限点按下鼠标），如图 1-30 中①所示
指定下一点或 [放弃(U)]:<正交 开>按〈F8〉键打开"正交模式"，向右移动鼠标到适当的距离后输入数字 900↙，如图 1-30 中②所示（启用"正交模式"后，系统自动将光标强制性地定位在水平或垂直位置上，在引出的追踪线上直接输入一个数值即可定位目标点，而不需要输入完整的相对坐标）
指定下一点或 [放弃(U)]:<正交 关>按〈F8〉键关闭"正交模式"，同时按〈Shift〉键和鼠标右键，从弹出的快捷菜单中选择"临时追踪点"命令
_tt 指定临时对象追踪点:移动鼠标捕捉"圆心"，如图 1-30 中③所示
指定下一点或 [闭合(C)/放弃(U)]:向下移动鼠标引出临时追踪虚线后输入数字 900↙，如图 1-30 中④⑤所示
指定下一点或 [闭合(C)/放弃(U)]:↙

图 1-30　用"对象捕捉"和"对象捕捉追踪"画图

1.6.4 极轴追踪

极轴追踪可以在任意角度和方向上引出角度矢量，从而很方便地定位方向上的任何一点从而精确地绘出图形对象。

使用快捷键〈F10〉可打开或关闭极轴追踪功能，单击状态栏上的"按指定角度限制光标"按钮也可打开或关闭极轴和对象捕捉追踪功能。

右击状态栏上的"按指定角度限制光标"按钮，选择最下方的"正在追踪设置"命令，可打开"草图设置"对话框中的"极轴追踪"选项卡进行极轴追踪的设置。设置"增量角"为 45°并勾选"启用极轴追踪"复选框后，绘图时会出现相应的提示，如图 1-31 中①～⑦所示。

图 1-31　极轴追踪

1.7　图形的选择方式

在 AutoCAD 中常会出现"选择对象："的提示，如输入了错误信息，则系统会出现下列提示：

需要点或 窗口(W)/上一个(L)/窗交(C)/框选(BOX)/全部(ALL)/栏选(F)/圈围(WP)/圈交(CP)/编组(G)/添加(A)/删除(R)/多选(M)/上一个(P)/放弃(U)/自动(AU)/单选(SI)

选择对象：

系统列出所有的选择方式引导用户进行正确操作。其中各选择方式的具体含义如表 1-2 所示。

表 1-2　选择方式

操 作 方 法	使 用 说 明
直接拾取对象	单击对象，拾取到的对象醒目显示
W（窗口方式）	选择矩形窗口（由两点定义）中的所有对象。窗口方式显示的方框为实线方框，方框从左到右指定角点创建窗口选择
L	选择最近一次创建的对象
C（窗交方式）	除选择矩形窗口（由两点定义）中的所有对象之外，还选择与4条边界相交的所有对象。窗交显示的方框为虚线方框，从右到左指定角点创建窗交选择
BOX（框选方式）	选择矩形（由两点确定）内部或与之相交的所有对象。如果矩形的点是从右至左指定的，框选与窗交等价。否则，框选与窗选等价
ALL（全选方式）	选择图中全部对象（在加锁或冻结图层中的除外）

操作方法	使用说明
F（栏选方式）	画一条多段折线，形如一个栅栏，与多段折线各边相交的所有对象被选中
WP（圈围方式）	构造一个任意的封闭多边形，在圈内的所有对象都被选中
CP（圈交方式）	构造一个任意的封闭多边形，在圈内的所有对象及和多边形边界相交的对象都被选中
G（组编方式）	预先将某些特定的图形创建为组，并给定组名。选择对象时，输入组名，即可选中组中的所有对象
SI（单选方式）	选中一个对象后，自动进入后续的编辑操作
AU（自动窗口方式）	当用鼠标光标拾取一点并未拾取到对象时，系统自动把该点作为开窗口的第一角点，并按 BOX 方式进行选择
M（多选方式）	可以多次直接拾取对象，按〈Enter〉键结束
R	把加入模式转化为删除模式，其提示恢复为"删除对象："
A	把删除模式转化为加入模式，其提示恢复为"选择对象："
P	选择上一次选择的对象
U	放弃前一次的操作
按〈Enter〉键	结束选择的操作

按〈Esc〉键取消选择全部选定对象。

熟练地掌握选择对象的方法是非常重要的。系统还提供了 Select（选择）、Group（编组）和 Filter（对象选择过滤器）等命令用于对象的选择。

1.8 退出 AutoCAD 2016

可通过如下几种方式来退出 AutoCAD 2016。

（1）直接单击 AutoCAD 主窗口右上角的"关闭"按钮✕。

（2）直接双击 AutoCAD 主窗口左上角的应用程序按钮▲。

（3）选择"文件"→"退出"菜单命令。

（4）在命令行中输入：quit（或 exit）

如果在退出 AutoCAD 2016 时当前的图形文件没有被保存，则系统将弹出提示对话框，提示用户在退出 AutoCAD 2016 前保存或放弃对图形所进行的修改，如图 1-32 所示。

图 1-32 系统提示对话框

1.9 习题

一、选择题

1. 调用 AutoCAD 2016 命令的方法有_____。

    A．在命令行中输入命令名

    B．在命令行中输入命令的缩写

    C．单击下拉菜单中的菜单选项

    D．单击工具栏中的图标

    E．以上都对

2. 要指定一个绝对位置（8，5）的点，应该输入_____。

    A．@8,5　　　　　B．#8,5　　　　　C．8,5　　　　　D．8<5

3. AutoCAD 2016 中，表示相对极坐标的是_____。

    A．50,60　　　　B．50<60　　　　C．@50<60　　　　D．@50,60

4. 对于工具栏中不熟悉的图标，了解其命令和功能最简捷的方法是_____。

    A．阅读帮助文件

    B．查看用户手册

    C．把鼠标光标放在图标上稍停片刻

5. 对于 AutoCAD 2016 中的命令选项，调用方法是_____。

    A．在选项提示下输入选项的缩写字母

    B．右击并在弹出的快捷菜单中选取

    C．以上都对

6. 在操作中，按〈Esc〉键的作用是_____。

    A．重复执行命令　　　　B．暂停命令的执行　　　　C．取消命令的执行

7. 完成图形的编辑工作，或者需要保存阶段性的成果，都可以选择"文件"→"保存"菜单命令，或者直接按快捷键_____。

    A．〈Ctrl+S〉　　　B．〈Ctrl+V〉　　　C．〈Ctrl+D〉　　　　　D．〈Ctrl+C〉

8. AutoCAD 2016 图形文件的扩展名为_____。

    A．DWG　　　　B．JPG　　　　　C．GIF　　　　　　D．BMP

9. 打开图形文件的快捷键是_____。

    A．〈Ctrl+N〉　　　B．〈Ctrl+O〉　　　C．〈Ctrl+S〉　　　D．〈Ctrl+P〉

10. 按快捷键_____可以弹出文本窗口。

    A．〈F1〉　　B．〈F2〉　　C．〈F3〉　　D．〈F5〉　　E．〈F6〉　　F．〈F8〉

二、简答题

1. 在 AutoCAD 2016 中，怎样输入一个点？怎样输入一个距离值？

2. 简述临时捕捉的操作方法。

3. 简述极轴角的设置方法。

4. 打开 AutoCAD 2016 自带的样本文件，进行缩放、平移操作，观察图形，最后退出，不要保存文件。

第2章 奇妙的几何图形

生活中处处都有几何图形的身影，如三角形的自行车架、圆形的汽车轮子、圆柱形的电线杆等。仔细观察，可以发现这些与我们的生活息息相关的几何图形都是由点、直线、圆、圆弧、多边形等组合而成的。本章通过几何图形的绘制，详细介绍 AutoCAD 2016 最默认的绘图、编辑、捕捉、缩放、追踪等命令的使用方法，为今后的学习打下了基础。

学习 AutoCAD 2016 命令时始终要与实际应用相结合，不要把主要精力花费在孤立地学习各个命令上，要把学以致用的原则贯穿整个学习过程，这样才能对绘图命令有深刻和形象的理解，从而提高自己应用 AutoCAD 2016 绘图的能力。

同一图形一般都有几种不同的绘制方法，绘制方法的选择与用户对命令的熟练程度以及用户对图形进行几何分析的能力等因素有关。只有熟练掌握绘图命令，才能熟练地绘制图形，从而提高绘图的效率。

大多数命令都提供了几种不同的方式来创建同一实体，例如有 11 种方式可以绘制圆弧，用户在使用时可以根据不同的已知条件，辅以对象捕捉和追踪命令，选择不同的创建对象方式来更快捷地绘制图形。

绘图时最好使用 1∶1 的画图比例，输出比例可以随便调整。画图比例和输出比例是两个不同的概念，输出时使用"输出 1 单位=绘图 200 单位"就是指按 1/200 的比例输出，若"输出 10 单位=绘图 1 单位"就是指放大 10 倍输出。

用 1∶1 的比例画图好处很多：①容易发现错误。由于按实际尺寸画图，很容易发现尺寸设置不合理的地方。②标注尺寸非常方便。尺寸数字是多少，软件自己测量，万一画错了，一看尺寸数字就发现了（虽然软件也能设置尺寸标注比例，但较麻烦）。③在各个图之间复制局部图形或者使用块时，都用 1∶1 的比例将方便调整块尺寸。④由零件图拼成装配图或由装配图拆画零件图时非常方便。⑤不用进行烦琐的比例缩小和放大计算，从而提高了工作效率，且杜绝了换算过程中可能出现的差错。

2.1 三角形内嵌正多边形

【例 2-1】绘制三角形内嵌正五边形，如图 2-1 所示。

图 2-1 三角形内嵌正五边形

分析：本题中的图形由一个三角形和一个正五边形组成，本题可以推广到一个三角形内嵌一个正多边形的问题，难点是不知道正多边形的边长，但可用参照缩放命令完成图形的绘制。

2.1.1　直线命令

AutoCAD 绘制直线的原理是两点确定一条直线。直线的要素是起点和终点，或者长度与角度。直线命令用来绘制两个给定点之间的线段。可采用以下几种方法之一来激活直线命令。

- 功能区：单击"默认"标签→"绘图"面板→"直线"按钮 。
- 菜单栏：选择"绘图(D)"→"直线(L)"菜单命令。
- 工具栏：单击"绘图"工具栏上的"直线"按钮 。
- 命令栏：L。

（1）启动 AutoCAD 2016 后，系统自动进入"Drawing1.dwg"的文件。

（2）绘制一条长为 100 的水平直线。单击"默认"标签→"绘图"面板→"直线" 按钮，系统提示为：

命令：_line 指定第一点：用鼠标在绘图区任意位置单击，确定一点
指定下一点或 [放弃(U)]:@0,100✓（输入相对坐标）
指定下一点或 [闭合(C)/放弃(U)]:✓（结束命令）

结果如图 2-2 中①所示。

图 2-2　绘制三角形

说明：

命令：_line 指定第一点：此时可以用绝对坐标输入起点，或用鼠标在绘图区选择起点。如果直接用空格键或者〈Enter〉键响应，AutoCAD 会把所绘制图形的最后一点指定为起点。指定起点后，命令行出现提示：

指定下一点或[放弃(U)]：下一点可以用绝对坐标、相对坐标或极坐标指定，指定了下一点后，屏幕上会显示指定两点间的一条线段。这时用空格键、〈Esc〉键或者〈Enter〉键响应，就退出绘制直线命令。在命令行输入"U"，就取消输入的第一点，AutoCAD 会提示重新输入起点。如果需要连续绘制线段，AutoCAD 会继续提示：

指定下一点或[放弃(U)]：AutoCAD 会把上次所绘制线段的终点作为第二条线段的起点，指定了第三点后就绘制出第二条线段。如需要退出绘制直线命令，可以直接按空格键、〈Esc〉键或者〈Enter〉键。如输入"U"，则取消上一条线段继续上述提示。绘制完第二条线段后，AutoCAD 会继续提示：

指定下一点或[闭合(C)/放弃(U)]：指定了第四点后就绘制出第三条线段，如果继续响应上述提示，可绘制出多条首尾相连的线段。这时仍然可以用空格键、〈Esc〉键或者〈Enter〉键退出绘制直线命令。如果输入"C"，AutoCAD 会自动在第一条线段的起点和最后一条线段的终点之间绘制一条线段，使折线形成闭合的图形，并且退出绘制直线命令。如果输入

"U"，则依次向前删除线段。

2.1.2 圆命令

圆是工程图当中默认的图形元素之一。绘制圆可采用以下几种方法之一来激活绘制圆命令。

- ⚙功能区：单击"默认"标签→"绘图"面板→"圆"按钮 ⊘ 。
- ⚙菜单栏：选择"绘图(D)"→"圆(C)"→"圆心、半径(R)"菜单命令。
- ⚙工具栏：单击"绘图"工具栏上的"圆"按钮 ⊘ 。
- ⌨命令栏：C。

根据给定参数的不同，AutoCAD 提供了 6 种绘制圆的方式，这些方式位于菜单栏"绘图"菜单的"圆"的命令中，可以根据需要选择一种绘制圆的方式。

（1）绘制两个圆。在命令行输入"C"并按〈Enter〉键，系统提示为：

命令:C✓
CIRCLE 指定圆的圆心或 [三点(3P)/两点(2P)/切点、切点、半径(T)]:按〈F3〉键打开"对象捕捉"，捕捉直线的右端点，如图 2-2 中②所示
指定圆的半径或 [直径(D)] <0.6>:70✓（输入半径的数值后按〈Enter〉键，绘制出一个小圆）
命令:✓（继续延用圆命令）
指定圆的圆心或 [三点(3P)/两点(2P)/切点、切点、半径(T)]:捕捉直线的左端点，如图 2-2 中③所示
指定圆的半径或 [直径(D)] <1.0>:80✓（输入半径的数值后按〈Enter〉键，绘制出一个大圆）

（2）绘制两条斜线。在命令行输入"L"并按〈Enter〉键，系统提示为：

命令:L✓
LINE
指定第一个点:捕捉直线的左端点，如图 2-2 中③所示
指定下一点或 [放弃(U)]:捕捉两个圆的交点，如图 2-2 中④所示
指定下一点或 [放弃(U)]:捕捉直线的右端点，如图 2-2 中⑤所示，绘制出三角形
指定下一点或 [闭合(C)/放弃(U)]:✓（结束命令）

2.1.3 删除命令

可采用以下几种方法之一来激活删除命令。

- ⚙功能区：单击"默认"标签→"修改"面板→"删除"按钮 ✐ 。
- ⚙菜单栏：选择"修改(M)"→"删除(E)"菜单命令。
- ⚙工具栏：单击"修改"工具栏上的"删除"按钮 ✐ 。
- ⌨命令栏：erase。
- 快捷菜单：选择要删除的对象，在绘图区域中右击，然后从弹出的快捷菜单中选择"删除"命令。

下面删除辅助圆。在命令行中输入"erase"并按〈Enter〉键，系统提示为：

命令:erase✓
选择对象:用鼠标在绘图区分别选择两个圆，如图 2-3 中①②所示
选择对象:✓

结果如图 2-3 中③所示。

直接选中两个辅助圆，按〈Del〉键删除。

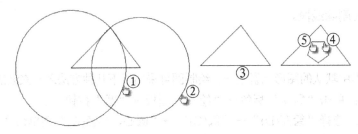

图 2-3　绘制正五边形

2.1.4　正多边形命令

正多边形的特征是无论它有多少条边，每条边长都等长。边长不等长的多边形属于非正多边形。AutoCAD 提供了绘制正多边形的命令，绘制正多边形的边数范围是 3 到 1024。从三角形到五边形、10 边形直至 1024 边形都可以通过正多边形命令得到。当边数足够多的时候，这个正多边形就可以被视为是圆的拟合。

绘制正多边形的方法可以分为中心点法和边长法两种。中心点法又分为内接圆和外切圆两种形式。可采用以下几种方法之一来激活绘制正多边形命令。

- 功能区：单击"默认"标签→"绘图"面板→"正多边形"按钮⬡。
- 菜单栏：选择"绘图(D)"→"正多边形(Y)"菜单命令。
- 工具栏：单击"修改"工具栏上的"正多边形"按钮⬡。
- 命令栏：pol。

在三角形内绘制一个较小的正多边形（例题中为正五边形）。在命令行输入字母 pol 并按〈Enter〉键，系统提示为：

命令：pol↙
POLYGON 输入侧面数<4>:5↙
指定正多边形的中心点或 [边(E)]:e↙（用边长的方式绘制多边形）
指定边的第一个端点:在三角形内部适当位置单击确定一点，如图 2-3 中④所示
指定边的第二个端点:按〈F8〉键打开"正交模式"，鼠标向左动任意一段距离后单击，如图 2-3 中⑤所示

2.1.5　偏移命令

可采用以下几种方法之一来激活偏移命令。

- 功能区：单击"默认"标签→"修改"面板→"偏移"按钮⬚。
- 菜单栏：选择"修改(M)"→"偏移(S)"菜单命令。
- 工具栏：单击"修改"工具栏上的"偏移"按钮⬚。
- 命令栏：off。

（1）通过点的方式使三角形的三边过正五边形的三个顶点。单击"默认"标签→"修改"面板→"偏移"按钮⬚，系统提示为：

命令：_offset
当前设置：删除源=否　图层=源　OFFSETGAPTYPE=0

指定偏移距离或 [通过(T)/删除(E)/图层(L)] <22.0>:t↙
选择要偏移的对象，或 [退出(E)/放弃(U)] <退出>:选择三角形上的一条边，如图 2-4 中①所示
指定通过点或 [退出(E)/多个(M)/放弃(U)] <退出>:选择五边形上的点，如图 2-4 中②所示
选择要偏移的对象，或 [退出(E)/放弃(U)] <退出>:选择三角形上的一条边，如图 2-4 中③所示
指定通过点或 [退出(E)/多个(M)/放弃(U)] <退出>:选择五边形上的点，如图 2-4 中④所示
选择要偏移的对象，或 [退出(E)/放弃(U)] <退出>:选择三角形上的一条边，如图 2-4 中⑤所示
指定通过点或 [退出(E)/多个(M)/放弃(U)] <退出>:选择五边形上的点，如图 2-4 中⑥所示
选择要偏移的对象，或 [退出(E)/放弃(U)] <退出>:↙（结果如图 2-4 中⑦所示）

（2）删除多余直线。在命令行中输入"erase"并按〈Enter〉键，系统提示为：

命令:erase↙
选择对象:用鼠标在绘图区分别选择三条直线，如图 2-4 中①③⑤所示
选择对象:↙（结果如图 2-4 中⑧所示）

图 2-4　偏移三角形

2.1.6　修剪命令

在绘图过程中会经常遇到一个实体超出了边界部分或者把实体分解为两部分的情况。此时要用修剪命令来处理，AutoCAD 首先要求确定修剪边界，然后以边界为剪刀，剪掉实体的一部分。在使用修剪命令时，也可以选中所有参与修剪的对象作为"选择剪切边…"的回应，让它们互为剪刀。

注意

被剪部分一定与修剪边界相交。

可采用以下几种方法之一来激活修剪命令。

- 功能区：单击"默认"标签→"修改"面板→"修剪"按钮。
- 菜单栏：选择"修改(M)"→"修剪(T)"菜单命令。
- 工具栏：单击"修改"工具栏上的"修剪"按钮。
- 命令栏：tr。

下面修剪图形。在命令行中输入"tr"并按〈Enter〉键，系统提示为：

命令:tr↙
当前设置:投影=UCS，边=无
选择剪切边...
选择对象或 <全部选择>:↙（全部选择）
选择要修剪的对象，或按住 Shift 键选择要延伸的对象，或[栏选(F)/窗交(C)/投影(P)/边(E)/删除(R)/放弃(U)]:在绘图区单击如图 2-5 中①所示的线
选择要修剪的对象，或按住 Shift 键选择要延伸的对象，或[栏选(F)/窗交(C)/投影(P)/边(E)/删除(R)/放弃(U)]:在绘图区单击如图 2-5 中②所示的线

选择要修剪的对象，或按住 Shift 键选择要延伸的对象，或[栏选(F)/窗交(C)/投影(P)/边(E)/删除(R)/放弃(U)]:在绘图区单击如图 2-5 中③所示的线

选择要修剪的对象，或按住 Shift 键选择要延伸的对象，或[栏选(F)/窗交(C)/投影(P)/边(E)/删除(R)/放弃(U)]:在绘图区单击如图 2-5 中④所示的线

选择要修剪的对象，或按住 Shift 键选择要延伸的对象，或[栏选(F)/窗交(C)/投影(P)/边(E)/删除(R)/放弃(U)]:在绘图区单击如图 2-5 中⑤所示的线

选择要修剪的对象，或按住 Shift 键选择要延伸的对象，或[栏选(F)/窗交(C)/投影(P)/边(E)/删除(R)/放弃(U)]:在绘图区单击如图 2-5 中⑥所示的线

选择要修剪的对象，或按住 Shift 键选择要延伸的对象，或[栏选(F)/窗交(C)/投影(P)/边(E)/删除(R)/放弃(U)]:↙

图 2-5　修剪和缩放图形

2.1.7　缩放对象命令

要缩放对象，需要指定基点和比例因子。基点将作为缩放操作的中心，并保持静止。比例因子大于 1 时将放大对象，比例因子介于 0 和 1 之间时将缩小对象。指定的基点表示选定对象的大小发生改变（从而远离静止基点）时位置保持不变的点。

可采用以下几种方法之一来激活缩放命令。

- 功能区：单击"默认"标签→"修改"面板→"缩放"按钮。
- 菜单栏：选择"修改(M)"→"缩放(L)"菜单命令。
- 工具栏：单击"修改"工具栏上的"缩放"按钮。
- 命令栏：scale。
- 快捷菜单栏：选择要缩放的对象，然后在绘图区域中右击，从弹出的快捷菜单中选择"缩放"命令。

（1）缩放图形。用比例因子进行缩放时，必须知道比例因子，如果不知道比例因子但知道缩放后实体的尺寸，则可以用参照缩放。其实，缩放后的尺寸与原尺寸的比值就是一个比例因子。单击"修改"面板上"缩放"按钮，系统提示为：

```
命令:_scale
选择对象:all↙（选择所有的图形）
选择对象:↙（按〈Enter〉键结束选择）
指定基点:用鼠标捕捉左下方的"端点"，如图 2-5 中⑦所示
指定比例因子或 [复制(C)/参照(R)] <1.0>: r↙（输入 r，执行参照缩放）
指定参照长度 <1.0>:用鼠标再次捕捉左下方的"端点"，如图 2-5 中⑦所示
指定第二点:用鼠标捕捉右下方的"端点"，如图 2-5 中⑧所示
指定新的长度或 [点(P)] <1.0>:100↙（输入新长度"100"，完成操作，如图 2-5 中⑨所示）
```

（2）单击"快速访问工具栏"上的"保存"按钮，将图形用默认的文件名

2.2 等弦长图形

【例2-2】绘制等弦长的几何图形，如图2-6所示。

图2-6 几何图形

分析：这个图看似简单，但画起来却不容易。本题的难点是不知斜线的起终点，且斜线与两个圆相交的弦长相等，所以通过一个圆心画一条斜线的平行线，并过另一个圆绘制该条平行线的垂线。将小圆复制到垂线的垂足上，得到目标斜线的一个端点。再通过偏移或复制得到目标斜线。

图2-7 分析图形

2.2.1 复制命令

可采用以下几种方法之一来激活复制命令。

- 功能区：单击"默认"标签→"修改"面板→"复制"按钮。
- 菜单栏：选择"修改(M)"→"复制(Y)"菜单命令。
- 工具栏：单击"修改"工具栏上的"复制"按钮。
- 命令栏：copy。
- 快捷菜单中选择要复制的对象，在绘图区域中右击，在弹出的快捷菜单中选择"复制选择"命令。

（1）启动AutoCAD 2016后，系统自动进入"Drawing2.dwg"的文件。

（2）在正交模式下，绘制一条长为100的水平直线。单击"绘图"工具栏上的"直线"按钮，系统提示为：

命令：_line 指定第一点:在绘图区任意位置单击，确定一点

指定下一点或 [放弃(U)]:按〈F8〉键打开"正交模式",将光标放在第一个点的右侧,输入 100↙
指定下一点或 [闭合(C)/放弃(U)]:↙（结束命令）

（3）绘制两个圆。在命令行输入字母 C 并回车,系统提示为:

命令:C↙
CIRCLE 指定圆的圆心或 [三点(3P)/两点(2P)/切点、切点、半径(T)]:按〈F3〉键打开"对象捕捉",
捕捉直线的左端点,如图 2-8 中①所示
　　指定圆的半径或 [直径(D)] <0.6>:30↙ （输入半径的数值后按〈Enter〉键,绘出一个小圆）
命令:↙（继续延用圆命令）
　　指定圆的圆心或 [三点(3P)/两点(2P)/切点、切点、半径(T)]:捕捉直线的右端点,如图 2-8 中②所示
　　指定圆的半径或 [直径(D)] <1.0>:40↙ （输入半径的数值后按〈Enter〉键,绘出一个大圆）

图 2-8　绘制直线和圆

（4）用相对坐标法以小圆的圆心为起点绘制一条夹角为40°的斜线。单击"绘图"工具栏上的"直线" ✏ 按钮,系统提示为:

命令:_line 指定第一点:捕捉小圆圆心,如图 2-8 中③所示
　　指定下一点或 [放弃(U)]: @100<40↙
　　指定下一点或 [闭合(C)/放弃(U)]:↙（结束命令,如图 2-8 中④所示）

（5）过大圆的圆心作斜线的垂线。单击"绘图"工具栏上的"直线" ✏ 按钮,系统提示为:

命令:_line 指定第一点:鼠标左键捕捉大圆的圆心,如图 2-9 中①所示
　　指定下一点或 [放弃(U)]:按住〈Shift〉键并在绘图区域内右击,从弹出的快捷菜单中选择"垂直"命令,如图 2-9 中②所示
　　_per 到（垂足捕捉模式被激活）,移动光标到斜线上,出现递延垂足符号 ⌐ 时,如图 2-9 中③所示,按下鼠标左键
　　指定下一点或 [放弃(U)]: ↙（结束命令,如图 2-9 中④所示）

图 2-9　绘制垂线

（6）以小圆的圆心为基点将小圆复制到斜线垂足上，单击"默认"标签→"修改"面板→"复制"按钮，系统提示为：

命令：_copy
选择对象:鼠标左键选择小圆✓（如图2-10中①所示）
指定基点或 [位移(D)/模式(O)] <位移>:鼠标左键捕捉小圆圆心（如图2-10中②所示）
指定第二个点或 <使用第一个点作为位移>:鼠标左键捕捉斜线上的垂足✓（如图2-10中③所示）

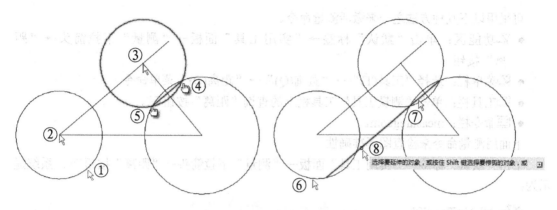

图2-10 绘制辅助圆和辅助线

2.2.2 延伸命令

可采用以下几种方法之一来激活延伸命令。

- 功能区：单击"默认"标签→"修改"面板→图标▼→"延伸"按钮。
- 菜单栏：选择"修改(M)"→"延伸（D）"菜单命令。
- 工具栏：单击"修改"工具栏上的"延伸"按钮。
- 命令栏：extend。

（1）单击"绘图"工具栏上的"直线"按钮，系统提示为：

命令：_line 指定第一点:用鼠标捕捉交点（如图2-10中④所示）
指定下一点或 [放弃(U)]:用鼠标捕捉交点（如图2-10中⑤所示）
指定下一点或 [闭合(C)/放弃(U)]:✓（结束命令）

（2）单击"默认"标签→"修改"面板→图标▼→"延伸"按钮，系统提示为：

命令：_extend
当前设置:投影=UCS，边=无
选择边界的边...
选择对象或 <全部选择>:选择小圆的圆弧✓（如图2-10中⑥所示）
选择要延伸的对象，或按住 Shift 键选择要修剪的对象，或[栏选(F)/窗交(C)/投影(P)/边(E)/放弃(U)]:单击斜线的下方✓（如图2-10中⑦所示）
选择要延伸的对象，或按住 Shift 键选择要修剪的对象，或[栏选(F)/窗交(C)/投影(P)/边(E)/放弃(U)]:
再次单击延伸后的斜线的下方✓（如图2-10中⑧所示）
选择要延伸的对象，或按住 Shift 键选择要修剪的对象，或[栏选(F)/窗交(C)/投影(P)/边(E)/放弃(U)]:
✓（结束命令）

（3）删除多余的辅助圆和辅助线。单击"默认"标签→"修改"面板→"删除"按钮 ，系统提示为：

命令:_erase
选择对象:选中辅助圆和两条辅助斜线✓，结果如图2-10所示

2.2.3 测量命令

可采用以下几种方法之一来激活测量命令。
- 功能区：单击"默认"标签→"实用工具"面板→"测量"下拉箭头→"距离"按钮 。
- 菜单栏：选择"工具(T)"→"查询(Q)"→"距离(D)"菜单命令。
- 工具栏：单击"测量工具"工具栏上的查询"距离"按钮 。
- 命令栏：measuregeom。

下面用测量命令来检查图形准确性。

单击"默认"标签→"实用工具"面板→"测量"下拉箭头→"距离"按钮 ，系统提示为：

命令:_MEASUREGEOM
输入选项 [距离(D)/半径(R)/角度(A)/面积(AR)/体积(V)] <距离>:_distance
指定第一点:用鼠标捕捉左"端点"，如图2-11中①所示
指定第二个点或 [多个点(M)]:用鼠标捕捉右"端点"，如图2-11中②所示
距离 = 27.3797，XY 平面中的倾角 = 220，   与 XY 平面的夹角 = 0
X 增量 = -20.9741，   Y 增量 = -17.5993，   Z 增量 = 0.0000
输入选项 [距离(D)/半径(R)/角度(A)/面积(AR)/体积(V)/退出(X)] <距离>: D✓
指定第一点:用鼠标捕捉左"端点"，如图2-11中③所示
指定第二个点或 [多个点(M)]:用鼠标捕捉左"端点"，如图2-11中④所示
距离 = 27.3797，XY 平面中的倾角 = 220，   与 XY 平面的夹角 = 0
X 增量 = -20.9741，   Y 增量 = -17.5993，   Z 增量 = 0.0000
输入选项 [距离(D)/半径(R)/角度(A)/面积(AR)/体积(V)/退出(X)] <距离>:✓

图2-11　检查图形

2.3 环环相扣图形

【例2-3】绘制几何图形，如图2-12所示。

图2-12 几何图形

分析：看到这样有规律的图形，应马上想到阵列，由于图形是环状的，因此联想到环形阵列。阵列操作的关键是找到阵列的对象和确定阵列个数及阵列对象的位置。本题的阵列个数为10，可通过正十边形来确定阵列对象的位置，但列阵的对象则需要仔细分析对比（如图2-13中①②所示）后才能确定（如图2-13中③所示的有颜色填充的图案）。

图2-13 解题关键

2.3.1 环形阵列命令

可采用以下几种方法之一来激活阵列命令。

● ❀功能区：单击"默认"标签→"修改"面板→"阵列"按钮▦。
● ❀菜单栏：选择"修改(M)"→"阵列"→"环形阵列"菜单命令。
● ❀工具栏：单击"修改"工具栏上的"环形阵列"按钮▦。
● ▨命令栏：arraypolar。

（1）绘制一个φ100的圆。单击"默认"标签→"绘图"面板→"圆"按钮⊘，系统提示为：

命令:_circle
指定圆的圆心或 [三点(3P)/两点(2P)/切点、切点、半径(T)]:在屏幕内任取一点
指定圆的半径或 [直径(D)]:50✓（结果如图2-14中①所示）

（2）绘制内切正十边形。单击"默认"标签→"绘图"面板→"正多边形"按钮⬠，系统提示为：

命令：_polygon
输入边的数目 <4>:10↙
　　指定正多边形的中心点或 [边(E)]:按住〈Shift〉键并在绘图区域内右击，从弹出的快捷菜单中选择"圆心"命令，捕捉圆心（如图 2-14 中②所示）
　　输入选项 [内接于圆(I)/外切于圆(C)] <I>:I↙
　　指定圆的半径:50↙（结果如图 2-14 中③所示）

（3）用直线命令连接圆心与正十边形相邻的两个顶点。单击"默认"标签→"绘图"面板→"直线"按钮╱，系统提示为：

命令：_line
　　指定第一点:捕捉圆心（如图 2-14 中④所示）
　　指定下一点或 [放弃(U)]:捕捉圆心正十边形的左上端点（如图 2-14 中⑤所示）
　　指定下一点或 [放弃(U)]:↙（结束命令）
命令：↙（重复直线命令）
　　指定第一点:捕捉圆心（如图 2-14 中④所示）
　　指定下一点或 [放弃(U)]:指定下一点或 [放弃(U)]:捕捉圆心正十边形相邻的端点（如图 2-14 中⑥所示）
　　指定下一点或 [放弃(U)]:↙（结束命令）

（4）过正十边形左上角点绘制另一条连线的垂线。单击"默认"标签→"绘图"面板→"直线"╱按钮，系统提示为：

命令：_line
　　指定第一点:选择正十边形左上角点（如图 2-14 中⑦所示）
　　指定下一点或 [放弃(U)]:按住〈Shift〉键并在绘图区域内右击，从弹出的快捷菜单中选择"垂足"命令，选择直线（如图 2-14 中⑧所示）↙

图 2-14　绘制辅助图形

（5）以左上角点为圆心，正十边形边长的一半为半径画小圆，垂线长度为半径绘制大圆。单击"默认"标签→"绘图"面板→"圆"按钮⊙，系统提示为：

命令：_circle
　　指定圆的圆心或 [三点(3P)/两点(2P)/切点、切点、半径(T)]:选择正十边形左上角点（如图 2-15 中①所示）指定圆的半径或 [直径(D)] <50.0000>:按住〈Shift〉键并在绘图区域内右击，从弹出的快捷菜单中选择"中点"命令，捕捉中点（如图 2-15 中②所示）↙
命令:↙（继续画圆）
　　指定圆的圆心或 [三点(3P)/两点(2P)/切点、切点、半径(T)]:选择正十边形左上角点（如图 2-14 中①所示）
　　指定圆的半径或 [直径(D)] <15.4508>:按住〈Shift〉键并在绘图区域内右击，从弹出的快捷菜单中选择"交点"命令，单击垂足（如图 2-15 中③所示）↙

（6）利用复制命令将大圆和小圆复制到相邻的 4 个正十边形端点上，并删除之前所绘制

36

的辅助线，单击"默认"标签→"修改"面板→"复制"按钮，系统提示为：

命令：_copy
选择对象:单击小圆（如图2-15中④所示）
选择对象:单击大圆（如图2-15中⑤所示）
选择对象:✓
当前设置: 复制模式 = 多个
指定基点或 [位移(D)/模式(O)] <位移>:捕捉圆心（如图2-15中①所示）
指定第二个点或 <使用第一个点作为位移>:右侧第1个端点（如图2-15中⑥所示）
指定第二个点或 [退出(E)/放弃(U)] <退出>:右侧第2个端点（如图2-15中⑦所示）
指定第二个点或 [退出(E)/放弃(U)] <退出>:右侧第3个端点（如图2-15中⑧所示）
指定第二个点或 [退出(E)/放弃(U)] <退出>:✓

图2-15　绘制辅助圆

（7）单击"默认"标签→"修改"面板→"删除"按钮，系统提示为：

命令：_erase
选择对象:选择3条直线
选择对象:✓（如图2-16中①所示）

根据分析所得列阵对象，利用修剪命令得到阵列的对象。单击"默认"标签→"修改"面板→"修剪"按钮，系统提示为：

命令：_trim
当前设置:投影=UCS，边=延伸
选择剪切边...
选择对象或 <全部选择>:✓（选择全部）
选择要修剪的对象，或按住 Shift 键选择要延伸的对象，或[栏选(F)/窗交(C)/投影(P)/边(E)/删除(R)/放弃(U)]:鼠标依次在不需要的图线上单击（最终结果如图2-16中②所示）
选择要修剪的对象，或按住 Shift 键选择要延伸的对象，或[栏选(F)/窗交(C)/投影(P)/边(E)/删除(R)/放弃(U)]:✓

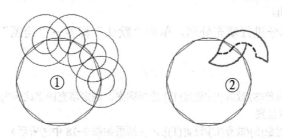

图2-16　修剪对象

（8）环形列阵。选择要阵列的对象，如图 2-17 中①所示，单击"修改"工具栏上的"环形阵列"按钮，系统提示为：

命令: _arraypolar 找到 6 个
类型 = 极轴　关联 = 是
指定阵列的中心点或 [基点(B)/旋转轴(A)]:鼠标捕捉圆的圆心（如图 2-17 中②所示）
选择夹点以编辑阵列或 [关联(AS)/基点(B)/项目(I)/项目间角度(A)/填充角度(F)/行(ROW)/层(L)/旋转项目(ROT)/退出(X)] <退出>: i✓
输入阵列中的项目数或 [表达式(E)] <6>: 10✓（阵列的项目总数为 10）
选择夹点以编辑阵列或 [关联(AS)/基点(B)/项目(I)/项目间角度(A)/填充角度(F)/行(ROW)/层(L)/旋转项目(ROT)/退出(X)] <退出>:✓

单击"默认"标签→"修改"面板→"删除"按钮，系统提示为：

命令: _erase
选择对象:选择多边形（如图 2-17 中③所示）
选择对象:✓（结果如图 2-17 中④所示）

图 2-17　阵列操作

2.3.2　图案填充命令

可采用以下几种方法之一来激活图案填充命令。

- 功能区：单击"默认"标签→"绘图"面板→"图案填充"按钮。
- 菜单栏：选择"绘图(D)"→"图案填充"菜单命令。
- 工具栏：单击"绘图"工具栏上的"图案填充"按钮。
- 命令栏：hatch。

下面对图形中心部分进行填充处理。单击"默认"标签→"绘图"面板→"图案填充"按钮，系统提示为：

命令: _hatch
拾取内部点或 [选择对象(S)/放弃(U)/设置(T)]:选择图案，确定填充图案比例为 40（如图 2-18 中②②所示），单击中心空白处任意位置
拾取内部点或 [选择对象(S)/放弃(U)/设置(T)]:✓（结果如图 2-18 中③所示）

图 2-18 填充中心区域

2.4 角度图形

【例 2-4】绘制具有角度的图形，如图 2-19 所示。

图 2-19 几何图形

分析：如图 2-20 中①所示，（1）同弧 AB 或同弦 AB 所对的圆周角∠ACB 都等于这条弦所对的圆心角∠AOB 的一半；（2）同弧 AB 或同弦 AB 所对的圆周角∠ACB 与圆周角∠ADB 相等。

此题主要是角度的绘制，难点是要找到 A 点。共用直线为 AC，绘制Δ ABC 和Δ ACD 的外接圆，两个外接圆在 A 点相交，如图 2-20 中②所示。根据圆周角定理可知，一条弦对应同一侧的圆周角相等，如 A、A₁、A₂ 对应的角都相等，均等于 70°。因此分别以 BC 边和 CD 边为弦绘制圆弧，得到两个圆弧的交点即为 A 点。

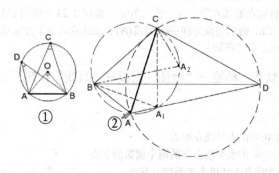

图 2-20 分析图

2.4.1 圆弧命令

绘制圆弧，可以指定圆心、端点、起点、半径、角度、弦长和方向值的各种组合形式。圆弧命令可采用以下几种方法之一来激活。

- ◎功能区：单击"默认"标签→"绘图"→"圆弧"按钮 ⌒。
- ◎菜单栏：选择"绘图(D)"→"圆弧(A)"菜单命令。
- ◎工具栏：单击"绘图"工具栏上的"圆弧"按钮 ⌒。
- ▣命令栏：_arc。

默认情况下，以逆时针方向绘制圆弧。按住〈Ctrl〉键的同时拖动鼠标，可以以顺时针方向绘制圆弧。如果角度为负值，将以顺时针方向绘制圆弧。

方法一：

（1）在正交模式下，绘制一条长为 100 的水平直线。单击"默认"标签→"绘图"面板→"直线" ⟋ 按钮，系统提示为：

命令：_line
指定第一点:屏幕内任意取一点
指定下一点或 [放弃(U)]:按〈F8〉键打开正交模式，将光标放在第一个点的右侧，输入 100✓
指定下一点或 [放弃(U)]:✓（如图 2-21 中①所示）

（2）以左端点为圆心绘制 R50 的圆弧。单击"默认"标签→"绘图"→"圆弧"按钮 ⌒ →"圆心，起点，角度"按钮 ⌒，系统提示为：

命令: _arc
指定圆弧的起点或 [圆心(C)]: _c
指定圆弧的圆心:捕捉直线左端点（如图 2-21 中②所示）
指定圆弧的起点:按〈F8〉键打开正交模式，将光标放在左端点的右侧，输入 50✓（如图 2-21 中③所示）
指定圆弧的端点(按住 Ctrl 键以切换方向)或 [角度(A)/弦长(L)]: _a
指定夹角(按住 Ctrl 键以切换方向): 90✓（如图 2-21 中④所示）

（3）以右端点为圆心绘制 R70 的圆弧。单击默认"标签→"绘图"→"圆弧"按钮 ⌒ →"圆心，起点，端点"按钮 ⌒，系统提示为：

命令: _arc
指定圆弧的起点或 [圆心(C)]: _c
指定圆弧的圆心:捕捉直线右端点（如图 2-21 中⑤所示）
指定圆弧的起点:将光标放在右端点的上方，输入 70✓（如图 2-21 中⑥所示）
指定圆弧的端点(按住 Ctrl 键以切换方向)或 [角度(A)/弦长(L)]:向左下方移动鼠标，直到与另一圆弧相交后单击确定一点（如图 2-21 中⑦所示）

（4）连线。单击"默认"标签→"绘图"面板→"直线"按钮 ⟋，系统提示为：

命令: _line
指定第一个点:
指定下一点或 [放弃(U)]:单击水平线左端点
指定下一点或 [放弃(U)]:单击水平线上方的两个圆弧的交点
指定下一点或 [闭合(C)/放弃(U)]:单击水平线右端点
指定下一点或 [放弃(U)]:✓（如图 2-21 中⑧⑨所示）

图 2-21　绘制三角形

（5）单击"默认"标签→"修改"面板→"删除"按钮 ✐，系统提示为：

命令: _erase
选择对象:选择 2 段圆弧✓
选择对象:✓（如图 2-21 中⑧⑨所示）

（6）以左斜线为弦画出圆弧的包含角为 220°（即总角度 360° −2×70°）的弧；以右斜线为弦画出圆弧的包含角为 240°（即总角度 360° −2×60°）的弧。单击"默认"标签→"绘图"→"圆弧"按钮 ▱ →"起点，端点，角度"按钮 ◿，系统提示为：

命令: _arc
指定圆弧的起点或 [圆心(C)]:捕捉直线左下点（如图 2-22 中①所示）
指定圆弧的第二个点或 [圆心(C)/端点(E)]: _e
指定圆弧的端点:捕捉直线最高点（如图 2-22 中②所示）
指定圆弧的中心点(按住 Ctrl 键以切换方向)或 [角度(A)/方向(D)/半径(R)]: _a
指定夹角(按住 Ctrl 键以切换方向):移动鼠标到出现想要的弧的方向后输入 220✓（结果如图 2-22 中③所示）
命令:✓
指定圆弧的起点或 [圆心(C)]:捕捉直线最高点（如图 2-22 中④所示）
指定圆弧的第二个点或 [圆心(C)/端点(E)]: _e
指定圆弧的端点:捕捉直线右下点（如图 2-22 中⑤所示）
指定圆弧的中心点(按住 Ctrl 键以切换方向)或 [角度(A)/方向(D)/半径(R)]: _a
指定夹角(按住 Ctrl 键以切换方向):移动鼠标到出现想要的弧的方向后输入 240✓（结果如图 2-22 中⑥所示）

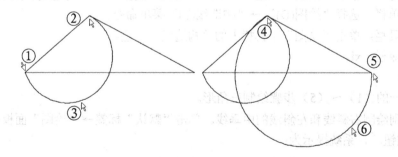

图 2-22　绘制以两边长为弦的圆弧

（7）连线。单击"默认"标签→"绘图"面板→"直线"按钮 ✐，系统提示为：

命令: _line
指定第一个点:

指定下一点或 [放弃(U)]:选择左端点（如图 2-23 中①所示）
指定下一点或 [放弃(U)]:选择下端点（如图 2-23 中②所示）
指定下一点或 [闭合(C)/放弃(U)]:选择下端点（如图 2-23 中③所示）
指定下一点或 [放弃(U)]:↙
命令:↙(重复绘制直线命令)
命令:_line
指定第一点:选择下端点（如图 2-23 中②所示）
指定下一点或 [放弃(U)]:选择上端点（如图 2-23 中④所示）
指定下一点或 [放弃(U)]:↙

（8）删除多余圆弧。单击"默认"标签→"修改"面板→"删除"按钮 ✍，系统提示为：

命令:_erase
选择对象:单击小圆弧（如图 2-23 中⑤所示）
选择对象:单击大圆弧（如图 2-23 中⑥所示）
选择对象:↙（结果如图 2-23 中⑦所示）

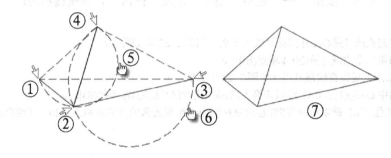

图 2-23　连线并删除圆弧

2.4.2　构造线命令

构造线命令用来绘制无限长的直线。可采用以下几种方法之一来激活构造线命令。

- 功能区：单击"默认"标签→"绘图"面板→图标 ▼ →"构造线"按钮✍。
- 菜单栏：选择"绘图(D)"→"构造线(T)"菜单命令。
- 工具栏：单击"绘图"工具栏上的"构造线"按钮✍。
- 命令栏：xl。

方法二：

按方法一的（1）～（5）步骤绘制三角形。

（1）分别绘制右斜线和左斜线的中垂线。单击"默认"标签→"绘图"面板→图标 ▼ →
"构造线"按钮✍，系统提示为：

命令:_xlin
指定点或 [水平(H)/垂直(V)/角度(A)/二等分(B)/偏移(O)]:A↙
输入构造线的角度 (0) 或 [参照(R)]:R↙
选择直线对象:选择右斜线（如图 2-24 中①所示）
输入构造线的角度 <0>: 90↙

指定通过点:按住〈Shift〉键并在绘图区域内右击,从弹出的快捷菜单中选择"中点"命令,捕捉左斜线中点(如图 2-24 中②所示)

指定通过点:✓(结束命令,结果如图 2-24 中③所示)

命令:✓

XLINE

指定点或 [水平(H)/垂直(V)/角度(A)/二等分(B)/偏移(O)]:A✓

输入构造线的角度 (0) 或 [参照(R)]:R✓

选择直线对象:选择左斜线(如图 2-24 中④所示)

输入构造线的角度 <0>: 90✓

指定通过点:按住〈Shift〉键并在绘图区域内右击,从弹出的快捷菜单中选择"中点"命令,捕捉右斜线中点(如图 2-24 中⑤所示)

指定通过点:✓(结束命令,结果如图 2-24 中⑥所示)

图 2-24　绘制中垂线

（2）绘制具有 55°夹角（即 90-70/2）的斜线。

命令:xl✓

指定点或 [水平(H)/垂直(V)/角度(A)/二等分(B)/偏移(O)]:A✓

输入构造线的角度 (0) 或 [参照(R)]:R✓

选择直线对象:选择斜线(如图 2-25 中①所示)

输入构造线的角度 <0>: -55✓

指定通过点:捕捉左端点(如图 2-25 中②所示)

指定通过点:✓(结束命令,结果如图 2-25 中③所示)

（3）画小圆弧。单击"默认"标签→"绘图"面板→"圆弧"按钮　→"三点"按钮　，系统提示为:

命令: _arc

指定圆弧的起点或 [圆心(C)]:捕捉左端点(如图 2-25 中④所示)

指定圆弧的第二个点或 [圆心(C)/端点(E)]:捕捉交点(如图 2-25 中⑤所示)

指定圆弧的端点:捕捉上端点(如图 2-25 中⑥所示)

（4）删除 2 条辅助线,结果如图 2-25 中⑦所示。

图 2-25　绘制小圆弧

（5）绘制具有 60° 夹角（即 90-60/2）的斜线。

```
命令:xl✓
指定点或 [水平(H)/垂直(V)/角度(A)/二等分(B)/偏移(O)]:A✓
输入构造线的角度 (0) 或 [参照(R)]: R✓
选择直线对象:选择斜线（如图 2-26 中①所示）
输入构造线的角度 <0>: 60✓
指定通过点:捕捉右端点（如图 2-26 中②所示）
指定通过点:✓（结束命令）
```

（6）画大圆弧。单击"默认"标签→"绘图"面板→"圆弧"按钮 →"三点"按钮 ，系统提示为：

```
命令: _arc
指定圆弧的起点或 [圆心(C)]:捕捉左端点（如图 2-26 中③所示）
指定圆弧的第二个点或 [圆心(C)/端点(E)]:捕捉交点（如图 2-26 中④所示）
指定圆弧的端点:捕捉上端点（如图 2-26 中⑤所示）
```

（7）删除 2 条辅助线，结果如图 2-26 中⑥所示。

图 2-26　绘制大圆弧

接下来按方法一的（7）和（8）步骤完成图形的绘制。

2.5　矩形、圆、正多边形的混合图形

【例 2-5】绘制矩形、圆、正多边形的混合图形，如图 2-27 所示。

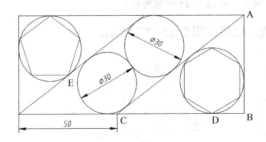

图 2-27　混合图形

分析：从图中可见，4 个圆均与相邻边相切，矩形的长和宽均未知。但图的中间部分 2 个 $\phi 30$ 的圆且都与同一条斜的直线相切，且 2 条斜平行线之间的距离是 50。所以可以先任意画一个 $R15$ 的圆，作与之相切的斜平行线，然后用三点相切的方法得到另一个 $R15$ 的圆。得到这 2 个圆后可以通过相切关系画出矩形的长和宽，最后画出内切圆和内切正多边形。

2.5.1 镜像命令

绘制图形时，经常会遇到一些对称的图形，这时可以绘制出对称图形的一半，然后用镜像命令将另一半对称图形复制出来。可采用以下几种方法之一来激活镜像命令。

- 功能区：单击"默认"标签→"修改"面板→"镜像"按钮。
- 菜单栏：选择 "修改(M)"→"镜像(I)"菜单命令。
- 工具栏：单击"修改"工具栏上的"镜像"按钮。
- 命令栏：mi。

作图步骤：

（1）绘制一个 $R15$ 的圆，并在正交模式下过圆心向右画一条长为 25 的水平线段，如图 2-28 中①②所示。

（2）将水平直线进行镜像得到另一侧等长线段。单击"默认"标签→"修改"面板→"镜像"按钮，系统提示为：

```
命令: _mirror
选择对象:选择刚刚绘制的水平线，如图 2-28 中③所示的虚线
选择对象:✓（按〈Enter〉键结束选择）
指定镜像线的第一点:捕捉圆心，如图 2-28 中④所示
指定镜像线的第二点:在过圆心的竖直线上任意单击一点，如图 2-28 中⑤所示
要删除源对象吗？[是(Y)/否(N)] <N>:✓（按〈Enter〉键接受默认选项，不删除）
```

结果如图 2-28 中⑥所示。

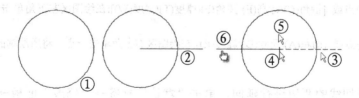

图 2-28　绘制圆和直线

2.5.2 矩形命令

矩形命令可采用以下几种方法之一来激活。

- 功能区：单击"默认"标签→"绘图"面板→"矩形"按钮。
- 菜单栏：选择"绘图(D)"→"矩形(G)"菜单命令。
- 工具栏：单击"绘图"工具栏上的"矩形"按钮。
- 命令栏：REC。

（1）过直线端点分别作圆的切线，系统提示为：

命令：_line
指定第一点：单击直线左端点，如图2-29中①所示
指定下一点或 [放弃(U)]：按〈Shift〉或〈Ctrl〉键并在圆的附近右击，在弹出的快捷菜单中选择"切点"命令，再移动鼠标到圆弧上单击，如图2-29中②所示
指定下一点或 [放弃(U)]：✓
命令：✓(重复绘制直线命令)
命令：_line
指定第一点：单击直线右端点，如图2-29中③所示
指定下一点或 [放弃(U)]：按〈Shift〉或〈Ctrl〉键并在圆的附近右击，在弹出的快捷菜单中选择"切点"命令，再到移动鼠标到圆弧上单击，如图2-29中④所示
指定下一点或 [放弃(U)]：✓

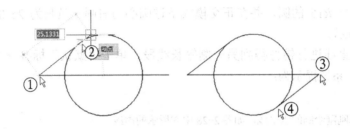

图2-29　绘制切线

（2）绘制辅助矩形（不妨绘制得大一些）。单击"默认"标签→"绘图"面板→"矩形"按钮▭，系统提示为：

命令：_rectang
指定第一个角点或 [倒角(C)/标高(E)/圆角(F)/厚度(T)/宽度(W)]：在绘图区左下角单击一点，如图2-30中①所示
指定另一个角点或 [面积(A)/尺寸(D)/旋转(R)]：在绘图区右上角单击一点，将所绘制的图形包围在内，如图2-30中②所示

（3）对两条切线的两边进行延伸。单击"默认"标签→"修改"面板→"延伸"按钮-/，系统提示为：

命令：_extend
当前设置：投影=UCS，边=无
选择边界的边…
选择对象或 <全部选择>：✓(全部选择)
选择要延伸的对象，或按住 Shift 键选择要修剪的对象，或[栏选(F)/窗交(C)/投影(P)/边(E)/放弃(U)]：单击左侧切线下方，如图2-30中③所示
选择要延伸的对象，或按住 Shift 键选择要修剪的对象，或[栏选(F)/窗交(C)/投影(P)/边(E)/放弃(U)]：单击左侧切线上方，如图2-30中④所示
选择要延伸的对象，或按住 Shift 键选择要修剪的对象，或[栏选(F)/窗交(C)/投影(P)/边(E)/放弃(U)]：单

击右侧切线下方，如图 2-30 中⑤所示

选择要延伸的对象，或按住 Shift 键选择要修剪的对象，或[栏选(F)/窗交(C)/投影(P)/边(E)/放弃(U)]:单击右侧切线上方，如图 2-30 中⑥所示

选择要延伸的对象，或按住 Shift 键选择要修剪的对象，或[栏选(F)/窗交(C)/投影(P)/边(E)/放弃(U)]:

（4）利用"相切，相切，相切"的方式绘制另一个 R15 的圆。单击"默认"标签→"绘图"面板→"圆"按钮 ⊙，系统提示为：

命令: _circle

指定圆的圆心或 [三点(3P)/两点(2P)/切点、切点、半径(T)]:3p✓

指定圆上的第一个点: _tan 到按住〈Shift〉键并在绘图区域内右击，从弹出的快捷菜单中选择"切点"命令，捕捉左边斜线，如图 2-30 中⑦所示

指定圆上的第二个点: _tan 到按住〈Shift〉键并在绘图区域内右击，从弹出的快捷菜单中选择"切点"命令，捕捉右侧斜线，如图 2-30 中⑧所示

指定圆上的第三个点: _tan 到按住〈Shift〉键并在绘图区域内右击，从弹出的快捷菜单中选择"切点"命令，捕捉圆，如图 2-30 中⑨所示

图 2-30　延长切线并画圆

（5）用象限点绘制两条水平直线和两条垂直线。

命令:L✓

指定第一点:按住〈Shift〉键并在绘图区域内右击，从弹出的快捷菜单中选择"象限点"命令，单击下方圆的下象限点，如图 2-31 中①所示

指定下一点或 [放弃(U)]:按〈F10〉键打开极轴追踪，捕捉与左侧平行斜线的交点，如图 2-31 中②所示

指定下一点或 [放弃(U)]:鼠标向上移动到适当位置单击，确定一点，如图 2-31 中③所示

指定下一点或 [放弃(U)]:✓

命令:✓(重复绘制直线命令)

LINE

指定第一个点:按住〈Shift〉键并在绘图区域内右击，从弹出的快捷菜单中选择"象限点"命令，单击上方圆的上象限点，如图 2-31 中④所示

指定下一点或 [放弃(U)]:捕捉与右侧平行斜线的交点，如图 2-31 中⑤所示

指定下一点或 [放弃(U)]:鼠标向下移动到适当位置单击，确定一点，如图 2-31 中⑥所示

指定下一点或 [放弃(U)]:✓

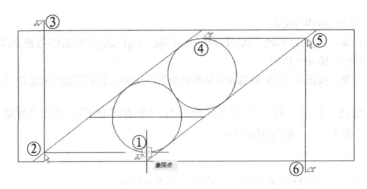

图 2-31　绘制直线

（6）删除辅助矩形。单击"默认"标签→"修改"面板→"删除"按钮 ，系统提示为：

命令:_erase
选择对象:选择最外边的辅助矩形
选择对象:↙

（7）单击"默认"标签→"修改"面板→图标 ▾ →"延伸"按钮 ，系统提示为：

命令: _extend
当前设置:投影=UCS，边=无
选择边界的边...
选择对象或 <全部选择>:↙
　　选择要延伸的对象，或按住 Shift 键选择要修剪的对象，或[栏选(F)/窗交(C)/投影(P)/边(E)/放弃(U)]:单击过上象限点的水平直线，如图 2-32 中①所示
　　选择要延伸的对象，或按住 Shift 键选择要修剪的对象，或[栏选(F)/窗交(C)/投影(P)/边(E)/放弃(U)]:再次单击过上象限点的水平直线，如图 2-32 中②所示
　　选择要延伸的对象，或按住 Shift 键选择要修剪的对象，或[栏选(F)/窗交(C)/投影(P)/边(E)/放弃(U)]:单击过下象限点的水平直线，如图 2-32 中③所示
　　选择要延伸的对象，或按住 Shift 键选择要修剪的对象，或[栏选(F)/窗交(C)/投影(P)/边(E)/放弃(U)]:再次单击过下象限点的水平直线，如图 2-32 中④所示
　　选择要延伸的对象，或按住 Shift 键选择要修剪的对象，或[栏选(F)/窗交(C)/投影(P)/边(E)/放弃(U)]:↙

图 2-32　延伸直线

（8）修剪多余部分，结果如图 2-33 所示。

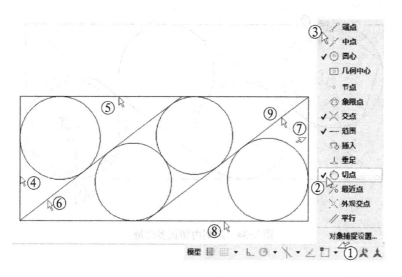

图 2-33　画圆

（9）用"相切，相切，相切"画圆的方法绘制三角形的内切圆。单击状态栏上的三角形图标（如图 2-33 中①所示），选择"切点"（如图 2-33 中②所示），取消选择"端点"（如图 2-33 中③所示）。单击"默认"标签→"绘图"面板→"圆"按钮 ⊙，系统提示为：

命令: _circle
指定圆的圆心或 [三点(3P)/两点(2P)/切点、切点、半径(T)]:3p✓
指定圆上的第一个点: _tan 到捕捉矩形左侧竖线，如图 2-33 中④所示
指定圆上的第二个点: _tan 到捕捉上方水平直线，如图 2-33 中⑤所示
指定圆上的第三个点: _tan 到捕捉左侧斜线，如图 2-33 中⑥所示
命令✓(重复绘制圆命令)
命令: _circle
指定圆的圆心或 [三点(3P)/两点(2P)/切点、切点、半径(T)]:3p✓
指定圆上的第一个点: _tan 到捕捉矩形右侧竖线，如图 2-33 中⑦所示
指定圆上的第二个点: _tan 到捕捉下方水平直线，如图 2-33 中⑧所示
指定圆上的第三个点: _tan 到捕捉右侧斜线，如图 2-33 中⑨所示

（10）在左上方的圆内绘制内切正五边形，在右下方的圆内绘制内切正六边形。单击"默认"标签→"绘图"面板→"正多边形"按钮 ⬠，系统提示为：

命令: _polygon
输入边的数目 <4>: 5✓
指定正多边形的中心点或 [边(E)]:捕捉圆心，如图 2-34 中①所示
输入选项 [内接于圆(I)/外切于圆(C)] <I>: I✓
指定圆的半径:捕捉交点，如图 2-34 中②所示
命令:✓(重复绘制正多边形命令)
命令: _polygon
输入边的数目 <5>: 6✓
指定正多边形的中心点或 [边(E)]:捕捉圆心，如图 2-34 中③所示
输入选项 [内接于圆(I)/外切于圆(C)] <I>: I✓
指定圆的半径:捕捉圆心，如图 2-34 中④所示

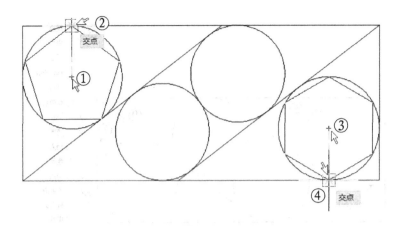

图 2-34　绘制内切正多边形

2.6　心心相印图形

【例 2-6】绘制矩形、圆、正多边形的混合图形，如图 2-35 中①所示。

分析：读者第一眼看到这图形时或许有些不知所措，但认真分析后可以发现该图形还是有律可循的。3 个 $\phi 40$ 的圆之间的距离为 80，可以通过位移法复制得到，另外 $\phi 40$ 的圆均与心形内侧边相切，而第一个心形外侧边与第二个心形内侧边重合。此题的关键是外侧大圆的直径是多少。延长左侧大圆和中间小圆左侧的切线，可以发现大圆与之相切，且切线与大圆的直径成 90°，如图 2-35 中②所示。

图 2-35　心心相印图形

2.6.1　多段线命令

多段线也可称为多义线，它由一系列线段组合而成，但它又表现为一个单个的对象实体。这一系列线段可以是直线段，也可以是圆弧线段、曲线线段。既能将多段线的各个线段设置成统一的线宽尺寸，也能将其设置成不同的线宽尺寸，甚至同一条线段首、尾的线宽可以是不一样的。

多段线绘制的图形完全可以用绘制直线或绘制圆弧的命令分别完成，但这样操作得到的多边形是"散"的。在以后的编辑操作中，选取这个多边形就会比较麻烦。如果使用多段线的方法绘制，得到的多边形将是单个的实体，将来对它的编辑操作时选取就会比较方便。

多线段是由一列线段或圆弧组成，AutoCAD 系统将多线段看作一个独立的对象。激活绘制多线段可以采用以下几种方法之一。

- 功能区：单击"默认"标签→"绘图"面板→"多线段"按钮 。
- 菜单栏：选择"绘图(D)"→"多线段(P)"菜单命令。
- 工具栏：单击"绘图"工具栏上的"多线段"按钮 。
- 命令栏：pl。

（1）单击"默认"标签→"绘图"面板→"多线段"按钮 ，系统提示为：

命令:_pline
指定起点:在绘图区任意位置单击，确定一点，如图 2-36 中①所示
当前线宽为 0.0000
指定下一个点或 [圆弧(A)/半宽(H)/长度(L)/放弃(U)/宽度(W)]:按〈F8〉键打开"正交模式"，向上移动鼠标任意位置后输入直线的长度"120"并按〈Enter〉键，如图 2-36 中②所示
指定下一点或 [圆弧(A)/闭合(C)/半宽(H)/长度(L)/放弃(U)/宽度(W)]:a✓（输入"a"开始画圆弧）
指定圆弧的端点(按住 Ctrl 键以切换方向)或[角度(A)/圆心(CE)/闭合(CL)/方向(D)/半宽(H)/直线(L)/半径(R)/第二个点(S)/放弃(U)/宽度(W)]:40✓（向左移动鼠标任意位置后输入小圆直径"40"并按〈Enter〉键，如图 2-36 中③所示，画一段与直线相切的圆弧）
指定圆弧的端点(按住 Ctrl 键以切换方向)或[角度(A)/圆心(CE)/闭合(CL)/方向(D)/半宽(H)/直线(L)/半径(R)/第二个点(S)/放弃(U)/宽度(W)]:L✓（输入"L"开始画直线）
指定下一点或 [圆弧(A)/闭合(C)/半宽(H)/长度(L)/放弃(U)/宽度(W)]:120✓（向下移动鼠标任意位置后输入直线的长度 120 并按〈Enter〉键，如图 2-36 中④所示）
指定下一点或 [圆弧(A)/闭合(C)/半宽(H)/长度(L)/放弃(U)/宽度(W)]:✓

（2）按〈F10〉键打开极轴追踪，绘制一条通过圆心的水平线（长度任意），结果如图 2-36 中⑤所示。

图 2-36　绘制多段线

2.6.2　旋转命令

可采用以下几种方法之一来激活旋转命令。

- 功能区：单击"默认"标签→"修改"面板→"旋转"按钮 ○。
- 菜单栏：选择"修改(M)"→"旋转(LR)"菜单命令。
- 工具栏：单击"修改"工具栏上的"旋转"按钮 ○。
- 命令栏：rotate。
- 快捷菜单栏：选择要缩放的对象，然后在绘图区域中右击，从弹出的快捷菜单中选择"旋转"命令。

（1）绘制小圆。单击"默认"标签→"绘图"面板→"圆"按钮 ○，系统提示为：

命令:_circle
指定圆的圆心或 [三点(3P)/两点(2P)/切点、切点、半径(T)]:80✓（确保已打开对象捕捉和对象捕捉追踪功能，用鼠标捕捉圆心但不要按下鼠标键（如图 2-37 中①所示），然后向右移动鼠标，出现水平追踪虚线时输入"80"（如图 2-37 中②所示）✓
指定圆的半径或 [直径(D)]:20✓（如图 2-37 中③所示）

图 2-37　绘制圆

（2）单击"默认"标签→"修改"面板→"旋转"按钮 ○，系统提示为：

命令: _rotate
UCS 当前的正角方向：　ANGDIR=逆时针　ANGBASE=0
选择对象:选择图形（如图 2-38 中虚线所示）
选择对象:✓
指定基点:捕捉圆心（如图 2-38 中①所示）
指定旋转角度，或 [复制(C)/参照(R)] <0>: 30✓（结果如图 2-38 中②所示）

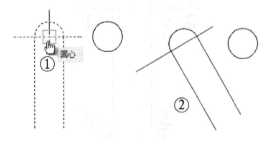

图 2-38　旋转图形

2.6.3　分解命令

在对一组实体进行编辑时，可能这一组实体是一个整体。例如，用矩形命令绘制的矩形和用多边形命令绘制的正多边形等（如图 2-39 中①所示）。要对某一部分进行编辑，就需要把整体分解为一个个的实体（如图 2-39 中②所示）。分解后使用移动工具就可以改变其位置，如图 2-39 中③所示。

图 2-39　分解三角形

分解命令在操作上没有什么特殊的地方，它依旧是传统的操作步骤：执行命令、选择编辑对象、确认完成。分解命令应用最多的是分解一条多段线和分解块对象。分解多段线的结果是将多段线拆分成各个独立的直线、圆弧，分解后的独立对象不再是一个整体。需要注意的是，多段线分解后的线宽设置将丢失。想得到宽的分解后的多段线只能是对单独的直线、圆弧再重新设置线宽。

不是所有的对象都可以分解。虚线、点画线等特殊线型不能分解；直线、圆弧等基本二维图形对象不能分解；圆对象不能分解；非等比例的块对象不能分解；多重插入的块对象不能分解；外部参考对象不能分解；单行文本对象不能分解。

AutoCAD 中提供了分解命令，它为分解操作提供了一个有效工具。可采用以下几种方法之一来激活分解命令。

- 🔧功能区：单击"默认"标签→"修改"面板→"分解"按钮。
- 🔧菜单栏：选择 "修改(M)"→"分解(X)"菜单命令。
- 🔧工具栏：单击"修改"工具栏上的"分解"按钮。
- ⌨命令栏：explode。

（1）单击"默认"标签→"修改"面板→"分解"按钮，系统提示为：

命令:_explode
选择对象:选择 U 形，如图 2-40 中①所示
选择对象:✓（按〈Enter〉键结束操作）

（2）单击"默认"标签→"修改"面板→"复制"按钮，系统提示为：

命令:_copy
选择对象:选择直线，如图 2-40 中②所示
选择对象:✓
当前设置：　复制模式 = 多个
指定基点或 [位移(D)/模式(O)] <位移>:捕捉圆心，如图 2-40 中③所示
指定第二个点或 [阵列(A)] <使用第一个点作为位移>:捕捉圆心，如图 2-40 中④所示
指定第二个点或 [阵列(A)/退出(E)/放弃(U)] <退出>:✓

图 2-40　复制圆

2.6.4 圆角命令

可采用以下几种方法之一来激活圆角命令。

- ✎功能区：单击"默认"标签→"修改"面板→"倒角和圆角"下拉菜单→"圆角"按钮◯。
- ✎菜单栏：选择"修改(M)"→"圆角(F)"菜单命令。
- ✎工具栏：单击"修改"工具栏上的"圆角"按钮◯。
- ⌨命令栏：fillet。

（1）单击"默认"标签→"绘图"面板→"圆"按钮⊙，系统提示为：

命令: _circle
指定圆的圆心或 [三点(3P)/两点(2P)/切点、切点、半径(T)]:捕捉圆心，如图 2-41 中①所示
指定圆的半径或 [直径(D)] <20.0000>: _tan 在斜线上捕捉切点，如图 2-41 中②所示
选择刚复制的斜线，再次单击所选斜线的上端点（如图 2-41 中③所示），移动鼠标到交点后单击确定
（如图 2-41 中④所示），将刚复制的斜线延伸到大圆上

图 2-41　绘制大圆

（2）选择刚刚生成的斜线（如图 2-42 中①所示），复制到圆的另一边（如图 2-42 中②所示）。

（3）单击"默认"标签→"修改"面板→"镜像"按钮⚏，系统提示为：

命令: _mirror
选择对象:选择对象，如图 2-42 中③所示的虚线
选择对象:↙
指定镜像线的第一点:捕捉小圆的圆心，如图 2-42 中④所示
指定镜像线的第二点:<正交 开>按〈F8〉键，鼠标向下移动到任意位置后单击，如图 2-42 中⑤所示
要删除源对象吗？[是(Y)/否(N)] <否>:↙

图 2-42　镜像图形

（4）修剪和删除，结果如图 2-43 中①所示。

（5）延伸图形，结果如图 2-43 中②所示。

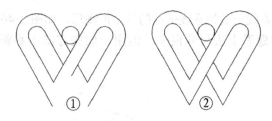

图 2-43　修剪和延伸图形

（6）单击"默认"标签→"修改"面板→"倒角和圆角"下拉菜单→"圆角"按钮，
系统提示为：

```
命令：_fillet
当前设置：模式 = 修剪，半径 = 10.0000
选择第一个对象或 [放弃(U)/多段线(P)/半径(R)/修剪(T)/多个(M)]: r↙
指定圆角半径 <10.0000>: 20↙
选择第一个对象或 [放弃(U)/多段线(P)/半径(R)/修剪(T)/多个(M)]:选择斜边，如图 2-44 中①所示
选择第二个对象，或按住 Shift 键选择对象以应用角点或 [半径(R)]:选择斜边，如图 2-44 中②所示
命令：
FILLET
当前设置：模式 = 修剪，半径 = 20.0000
选择第一个对象或 [放弃(U)/多段线(P)/半径(R)/修剪(T)/多个(M)]:选择斜边，如图 2-44 中③所示
选择第二个对象，或按住 Shift 键选择对象以应用角点或 [半径(R)]:选择斜边，如图 2-44 中④所示
```

图 2-44　圆角

（7）画与斜线相切的大圆，如图 2-45 中①所示。修剪图形，如图 2-45 中②所示。

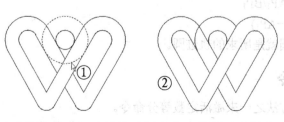

图 2-45　整理图形

2.7 阿氏圆的图形

【例2-7】绘制中间直线与底边直线平行的三角形图形，如图2-46所示。

分析：此趣味练习题看上去尺寸很少，但用一般的方法不易解决，用阿氏圆可较方便求解。

图2-46 三角形

2.7.1 阿氏圆的定理（阿波罗尼斯圆定理）

在平面上给定相异两点 A、B，设 P 点在同一平面上且满足 PA／PB=λ，当 λ=1 时，P 点轨迹为 AB 的中垂线，如图2-47中①所示。

当 λ>0 且 λ≠1 时，P 点的轨迹是一个圆，这个圆被称为阿波罗尼斯圆（即阿氏圆），如图 2-47 中②所示（其中 $P_1A／P_1B=P_2A／P_2B=P_3A／P_3B=λ$）。$P_1$ 为内分点，N 为外分点，则阿氏圆的直径是：内分点 P_1 和外分点 N 的连线。

图2-47 阿氏圆

可以通过公式推导出 AN 的长度：

AN/BN ＝ AP_1/BP_1 （其中 BN=AN+AB）

所以，

AN/(AN+AB) ＝ AP_1/BP_1

AN=AP_1*AB/(BP_1−AP_1)

以 NP_1 为直径的圆就是所求的轨迹圆。

2.7.2 定数等分命令

可采用以下几种方法之一来激活定数等分命令。

● 功能区：单击"默认"标签→"绘图"面板→"定数等分"按钮。
● 菜单栏：选择"绘图(D)"→"点(O)"→"定数等分（D）"菜单命令。

- 工具栏：单击"绘图"工具栏上的"定数等分"按钮 ⚘。
- 命令栏：divide。

ⓘ 注意

divide 命令所形成的点并不分割对象，只是标明等分的位置，此时只能用"节点"捕捉得到，其他捕捉方式是捕捉不到的。定距等分测量的起始点是距选择点最近的点，但对于圆，一般从 0° 开始测量。

（1）绘制一条长度为 70 的水平线。

（2）选择"格式"→"点样式"菜单命令，如图 2-48 中①②所示。在弹出的"点样式"对话框中选择点样式，设置"点大小"为 2%，单击"确定"按钮，如图 2-48 中③④所示。

（3）单击"默认"标签→"绘图"面板→"定数等分"按钮 ⚘，如图 2-48 中⑤所示。系统提示为：

命令: _divide
选择要定数等分的对象:选择绘制的水平直线，如图 2-48 中⑥所示
输入线段数目或 [块(B)]:3✓（将直线分成 3 等分）

结果如图 2-49 中⑦所示。

图 2-48 等分直线

（4）分别以 70 线段的两个端点为圆心画两个圆，其中一个圆不妨取 $R27$（半径一定要大于 70/3=23.33），另一个圆是 $R54$（即 2*27，即满足 1：2 的关系）。用两个圆的两个交点和三等分线段的一个等分点为三点画阿氏圆。单击"默认"标签→"绘图"面板→"圆"按钮 ⊙，系统提示为：

命令: _circle
指定圆的圆心或 [三点(3P)/两点(2P)/切点、切点、半径(T)]: 3p✓
指定圆上的第一个点:捕捉交点，如图 2-49 中①所示
指定圆上的第二个点:_nod 于先选定捕捉"节点"再捕捉交点，如图 2-49 中②所示

指定圆上的第三个点:捕捉交点，如图2-49中③所示。结果得到阿氏圆，如图2-49中④所示

（5）删除两个辅助圆，只留下阿氏圆，如图2-49中⑤所示。

图 2-49　画阿氏圆

（6）将水平线向上偏移15，与阿氏圆有一个交点，如图2-50中①所示。将交点与水平线的两个端点（如图2-50中②③所示）相连，则可以得到1∶2的两个线段。将阿氏圆和多余直线删除，如图2-50中④所示。

图 2-50　连线

（7）以三角形的上顶点（如图2-51中①所示）为圆心，绘制2个同心圆，分别为R10和R20（如图2-51中②③所示）。连接交点（如图2-51中④⑤所示）。删除多余的线，最终结果如图2-51中⑥所示。

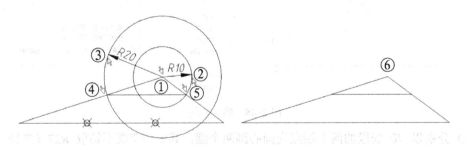

图 2-51　画辅助圆

下面用轨迹法来做。那么，轨迹圆应该如何绘制呢？

（1）绘制一条长度为70的水平线，如图2-52中①所示。

（2）分别以70线段的两个端点为圆心绘制3对比例为1∶2的圆，如R27/R54、R30/R60、R35/R70，取每对圆的上方交点，如图2-52中②～④所示。

图 2-52　找 3 个交点

（3）三点确定一个圆，根据这三点作出这个轨迹圆（也就是阿氏圆了），如图 2-53 中①所示。删除多余的线，结果如图 2-53 中②所示。

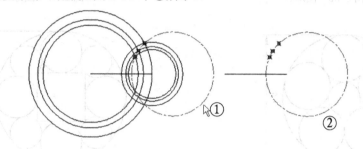

图 2-53　轨迹圆

其余步骤同方法一的第（6）步和第（7）步。

2.8　习题

1．绘制图 2-54 所示的图形。

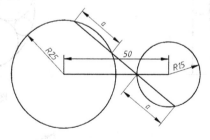

图 2-54　图形 1

2．绘制图 2-55 所示的三角形内嵌两个相切圆的图形，并求 a 和 b 的值。（$a=48$，$b=41$）

图 2-55　图形 2

3．绘制图 2-56～图 2-67 所示的图形。

图 2-56 图形 3

图 2-57 图形 4

图 2-58 图形 5

图 2-59 图形 6

图 2-60 图形 7

图 2-61 图形 8

图 2-62 图形 9

图 2-63 图形 10

60

图 2-64　图形 11

(a＝32, b＝R8)

图 2-65　图形 12

图 2-66　图形 13

图 2-67　图形 14

3.2　图块应用

3.2.1　图块的创建与插入

第3章 平面图形

平面图是零件图、装配图的基础，也是三维实体的基础。在初学阶段，可用工具栏和下拉菜单进行命令的输入以便记忆。熟练后，应尽量采用在命令行输入命令缩写的方法，以提高操作的速度。

在手工绘图时，要尽量减少修改。而用 AutoCAD 进行绘图时，要充分利用其强大的编辑功能，运用"边设计、边画图、边修改"的"三边原则"进行操作。当图形较复杂时，应该在绘图的过程中随时保存文件，以免由于意外停机等原因造成损失。

系统默认的坐标系是世界坐标系（WCS），世界坐标系是固定坐标系，其坐标原点在左下角。

绘制 CAD 图的一般步骤为：

（1）分析图形。

（2）绘制各视图的主要中心线及定位线。

（3）按形体分析法逐个绘制出各基本形体的视图。作图时，应该注意各视图间的投影关系要满足投影规律。对于复杂的细节，可先画出作图基准线或辅助线，再绘制大轮廓，最后绘制详细的细节部分。

（4）检查并修饰图形。

本章用几个典型实例介绍基本的绘图和修改命令及其使用技巧。

3.1 圆弧连接

圆弧连接的实质是圆弧与圆弧，或圆弧与直线间的相切关系。

3.1.1 圆弧连接的原理

表 3-1 用轨迹方法分析圆相切时的几何关系，得出圆弧连接的原理与作图方法。其作图步骤是：（1）分清连接类别，求连接弧的圆心；（2）求切点；（3）不超过切点画连接圆弧。

表3-1 圆弧连接的原理与作图方法

类别	与定直线相切的圆心轨迹	与定圆外切的圆心轨迹	与定圆内相切的圆心轨迹
图例			
连接弧圆心的轨迹及切点位置	半径为R的连接圆弧与已知直线连接（相切）时，连接弧圆心O的轨迹是与直线相距为R且平行的直线；切点为连接弧圆心向已知直线所作垂线的垂足T	当一个半径为R的连接圆弧与已知圆（半径为R_1）外切时，连接圆弧圆心的轨迹是已知圆的同心圆弧，其半径为R_1+R；切点为两圆心的连线与已知圆的交点T	当一个半径为R的连接圆弧与已知圆弧（半径为R_1）内切时，连接圆弧圆心的轨迹是已知圆弧的同心圆弧，其半径为R_1-R；切点为两圆心的连线与已知圆的交点T

【例3-1】 用1:1的比例绘制图3-1所示的圆弧连接。

图3-1 圆弧连接

分析：此题的关键在于找到圆心并应用圆命令中的"切点、切点、半径（T）"选项绘制外接圆和内切圆。

3.1.2 绘制连接弧

（1）绘制两个 $\phi22$ 和 $\phi32$ 的同心圆（如图3-2中①②所示），过圆心的垂直中心线（如图3-2中③所示）和距圆心39的水平线（如图3-2中④所示）。

图3-2 绘制已知图形

（2）绘制左边的内切连接弧。以同心圆的圆心为圆心（如图3-3中①所示），半径R=34（50-32/2）画圆（如图3-3中②所示）；以水平线左端点为圆心（如图3-3中③所示），半径R=50 画圆（如图3-3中④所示）；以上述两圆的交点为圆心（如图3-3中⑤所示），半径R=50画圆（如图3-3中⑥所示）。修剪多余线后的图形如图3-3中⑦所示。

图3-3 绘制内切连接弧

（3）绘制右下方与水平线相切的圆。以同心圆的圆心为圆心（如图 3-4 中①所示），半径 R=33 画圆（如图 3-4 中②所示）；将水平线向上偏移 10（如图 3-4 中③所示）；以偏移后的直线与圆的交点为圆心（如图 3-4 中④所示），半径 R=10 画圆（如图 3-4 中⑤所示）。修剪多余线后的图形如图 3-4 中⑥所示。

图 3-4　绘制与水平线相切的圆

（4）绘制内切圆。连接两个圆的圆心（如图 3-5 中①所示），单击"默认"标签→"绘图"面板"圆"按钮，系统提示为：

命令：_circle 指定圆的圆心或 [三点（3P）/两点（2P）/切点、切点、半径（T）]:2p↙（以两点为直径画圆）
指定圆直径的第一个端点:捕捉直线与圆的交点，如图 3-5 中②所示
指定圆直径的第二个端点:捕捉直线与圆的交点，如图 3-5 中③所示（结果如图 3-5 中④所示）

修剪多余线后的图形如图 3-5 中⑤所示。

图 3-5　绘制外切圆

（5）偏移。将外轮廓向内偏移 5，如图 3-6 中①所示。修剪多余线后的图形如图 3-6 中②所示。

图 3-6　偏移

（6）圆角。对内边线圆角，如图3-7所示。

图3-7　圆角

3.2　门窗

【例3-2】按图3-8的尺寸要求绘制窗。

图3-8　窗

分析：此题的关键在于偏移命令、边界命令和各种追踪方法的综合运用。

边界命令用于从多个相交对象中提取一个或多个闭合的多段线边界，也可提取面域。

可采用以下几种方法之一来激活边界命令。

- 功能区：单击"默认"标签→"绘图"面板→"边界"按钮。
- 菜单栏：选择"绘图(D)"→"边界(B)"菜单命令。
- 工具栏：单击"绘图"工具栏上的"边界"按钮。
- 命令栏：boundary。

（1）绘制窗的外框线。单击"默认"标签→"绘图"面板→"矩形"按钮，系统提示为：

命令:_rectang
指定第一个角点或 [倒角（C）/标高（E）/圆角（F）/厚度（T）/宽度（W）]:在绘图区任意位置单击确定一点
指定另一个角点或 [面积（A）/尺寸（D）/旋转（R）]:@2700,3000↙（结果如图3-9中①所示）

（2）偏移大矩形。单击"默认"标签→"修改"面板→"偏移"按钮，系统提示为：

命令:_offset

当前设置: 删除源=否　图层=源　OFFSETGAPTYPE=0
指定偏移距离或 [通过（T）/删除（E）/图层（L）] <50.0>:150✓
选择要偏移的对象，或 [退出（E）/放弃（U）] <退出>:选择刚绘制的大矩形
指定通过点或 [退出（E）/多个（M）/放弃（U）] <退出>:鼠标向矩形内移动到任意点单击
选择要偏移的对象，或 [退出（E）/放弃（U）] <退出>:✓（结果如图3-9中②所示）

（3）绘制小矩形。单击"默认"标签→"绘图"面板→"矩形"按钮▢，系统提示为：

命令: _rectang
指定第一个角点或 [倒角（C）/标高（E）/圆角（F）/厚度（T）/宽度（W）]:同时按下〈Shift〉键和鼠标右键，可弹出对象捕捉快捷菜单，选择"自"命令捕捉，如图3-9中③所示
_from 基点:捕捉小矩形的左下角点，如图3-9中④所示
<偏移>:@150,150✓（确定所需绘制的新矩形的起始点，如图3-9中⑤所示）
指定另一个角点或 [面积（A）/尺寸（D）/旋转（R）]:@900,2400✓（结果如图3-9中⑥所示）

图3-9　绘制窗框

（4）绘制圆并复制。单击"默认"标签→"绘图"面板→"圆"按钮⊙，系统提示为：

命令: _circle
指定圆的圆心或 [三点(3P)/两点(2P)/切点、切点、半径(T)]:捕捉最小矩形的左下角点，如图 3-10 中①所示
指定圆的半径或 [直径(D)] <40.0>:150✓（输入半径"150"并按〈Enter〉键）
命令: _copy
选择对象:选择刚绘制的圆，如图3-10中②所示
选择对象:✓（结束选择对象）
当前设置:　复制模式 = 多个
指定基点或 [位移(D)/模式(O)] <位移>:捕捉最小矩形的右下角点，如图3-10中③所示
指定第二个点或 [阵列(A)] <使用第一个点作为位移>:捕捉最小矩形的右上角点，如图3-10中④所示
指定第二个点或 [阵列(A)/退出(E)/放弃(U)] <退出>:捕捉最小矩形的左上角点，如图3-10中⑤所示
指定第二个点或 [阵列(A)/退出(E)/放弃(U)] <退出>:✓

图3-10　绘制圆

（5）创建边界多段线。选择"绘图(D)"→"边界(B)"菜单命令，如图 3-11 中①②

所示。系统弹出"边界创建"对话框，在"对象类型"下拉列表中保持默认的选择"多段线"，如图 3-11 中③所示。在"边界集"下拉列表中，保持默认的从"当前视口"中显示的全部对象创建边界集，如图 3-11 中④所示。单击"拾取点"按钮，在每个区域内指定点以形成边界多段线，如图 3-11 中⑤⑥所示。按〈Enter〉键以创建边界多段线并结束命令。系统提示为：

```
命令:_boundary
拾取内部点:  正在选择所有对象...
正在选择所有可见对象...
正在分析所选数据...
正在分析内部孤岛...
拾取内部点:
BOUNDARY 已创建 1 个多段线
```

注意

此区域必须全部包围起来；在包围的对象之间不能有空隙。

单击"默认"标签→"修改"面板→"删除"按钮，系统提示为：

```
命令:_erase
选择对象:选择 4 个小圆和矩形
选择对象:✓（结果如图 3-11 中⑦所示）
```

图 3-11 创建窗扇

（6）偏移边界多段线。单击"默认"标签→"修改"面板→"偏移"按钮，系统提示为：

```
命令: _offset
当前设置: 删除源=否  图层=源  OFFSETGAPTYPE=0
指定偏移距离或 [通过(T)/删除(E)/图层(L)] <通过>:80✓
选择要偏移的对象，或 [退出(E)/放弃(U)] <退出>:选择窗扇，如图 3-12 中①所示
指定要偏移的那一侧上的点，或 [退出(E)/多个(M)/放弃(U)] <退出>:鼠标向矩形内移动到任意点单击
选择要偏移的对象，或 [退出(E)/放弃(U)] <退出>:✓（结果如图 3-12 中②所示）
```

（7）绘制窗把手。单击"默认"标签→"绘图"面板→"矩形"按钮□，系统提示为：

命令：_rectang
指定第一个角点或 [倒角(C)/标高(E)/圆角(F)/厚度(T)/宽度(W)]:在绘图区适当位置单击确定一点
指定另一个角点或 [面积(A)/尺寸(D)/旋转(R)]:@50,400✓ （结果如图3-12中③所示）

图3-12　绘制窗把手

（8）移动。单击"默认"标签→"修改"面板→"移动"按钮✥，系统提示为：

命令：_move
选择对象:选择移动，如图3-13中①所示的虚线
选择对象:✓
指定基点或 [位移(D)] <位移>:捕捉窗把手最左边垂直线的中点，如图3-13中②所示
指定第二个点或 <使用第一个点作为位移>:同时按下〈Ctrl〉键和鼠标右键，可弹出对象捕捉快捷菜
单，选择"自捕捉"命令
_from 基点:<偏移>:捕捉窗扇最右边垂直线的中点，如图3-13中③所示
<偏移>:@50,0✓ （结果如图3-13中④所示）

图3-13　移动窗把手

（9）镜像视图轮廓。单击"默认"标签→"修改"面板→"镜像"按钮⚎，系统提示为：

命令：_mirror
选择对象:选择图形，如图3-14中①所示的虚线
选择对象:✓
指定镜像线的第一点:捕捉如图3-14中②所示的中点
指定镜像线的第二点:捕捉如图3-14中③所示的中点
要删除源对象吗？[是(Y)/否(N)] <N>:✓ （结果如图3-14中④所示）

图 3-14   镜像视图轮廓

3.3   斜视图

斜视图是将机件向不平行于基本投影面的平面投射而得到的视图。为了表达机件上倾斜表面的实际形状，常选用一个平行于这个倾斜表面的平面作为投影面，画出它的斜视图。若斜视图用坐标直接确定点的位置，则需要换算，而且坐标值通常为小数，比较麻烦。下面将介绍如何在绘制图形时减少不必要的麻烦。

斜视图的画法不采用具体的数字，而是用复制、极轴、对象追踪、对象捕捉等手段来绘制。

绘制倾斜图形默认的方法有：

1）用旋转命令。在水平方向绘制图形，再将图形旋转到倾斜方向上。

2）用对齐命令。在水平方向绘制图形，再将图形定位到倾斜方向上（可同时进行旋转与平移）。

3）用相对极坐标。

4）用构造线命令 XL。

5）用极轴追踪。先设置追踪的角度，即可方便地绘制出斜线。

6）用新坐标。先沿倾斜方向建立用户坐标，用 UCS 命令将新坐标的 X 轴放置成水平方向，目的是让作图环境与世界坐标系中一样，最后再次用 USC 或者 PLAN 命令恢复到原环境。

【例 3-3】绘制图 3-15 所示的斜视图。未拉伸和旋转的图形如图 3-16 所示。

图 3-15   斜视图

图 3-16   未拉伸和旋转的图形

分析：该例由直线、斜线和半圆弧组成，涉及多段线、极轴追踪、修剪、拉伸、旋转、用户坐标、矩形、对齐、面域、差集等多方面的知识。该例实际上可以一气呵成，但为了尽量多地介绍相关的知识点，采用了较为烦琐的先用极轴追踪绘制出斜线，然后旋转图形，最后拉伸斜槽的绘图方式。

（1）右击屏幕最下方状态栏上的"极轴追踪"按钮 ，在弹出的快捷菜单中选择"设置"命令，在弹出的"草图设置"对话框中设置"极轴追踪"，如图 3-17 所示。

图3-17　设置"极轴追踪"

（2）绘制多段线。单击"默认"标签→"绘图"面板→"多段线"按钮，如图 3-18 中①所示。系统提示为：

命令：_pline
指定起点：在绘图区任意位置单击确定一点，如图 3-18 中②所示
当前线宽为 0.0
指定下一个点或 [圆弧(A)/半宽(H)/长度(L)/放弃(U)/宽度(W)]:5↙（将鼠标向下移动一段距离后，输入数字"5"，如图 3-18 中③所示）
指定下一点或 [圆弧(A)/闭合(C)/半宽(H)/长度(L)/放弃(U)/宽度(W)]:20↙（将鼠标向右移动一段距离后，输入数字"20"，如图 3-18 中④所示）
指定下一点或 [圆弧(A)/闭合(C)/半宽(H)/长度(L)/放弃(U)/宽度(W)]:a↙（选择绘制圆弧）
指定圆弧的端点或[角度(A)/圆心(CE)/闭合(CL)/方向(D)/半宽(H)/直线(L)/半径(R)/第二个点(S)/放弃(U)/宽度(W)]:@0,20↙（输入半圆弧端点的相对坐标，如图 3-18 中⑤所示）
指定圆弧的端点或[角度(A)/圆心(CE)/闭合(CL)/方向(D)/半宽(H)/直线(L)/半径(R)/第二个点(S)/放弃(U)/宽度(W)]:l↙（选择绘制直线）
指定下一点或 [圆弧(A)/闭合(C)/半宽(H)/长度(L)/放弃(U)/宽度(W)]:20↙（将鼠标向右移动一段距离后，输入数字"5"，如图 3-18 中⑥所示）
指定下一点或 [圆弧(A)/闭合(C)/半宽(H)/长度(L)/放弃(U)/宽度(W)]:5↙（将鼠标向下移动一段距离后，输入数字"5"，如图 3-18 中⑦所示）
指定下一点或 [圆弧(A)/闭合(C)/半宽(H)/长度(L)/放弃(U)/宽度(W)]:5↙（将鼠标向右移动一段距离后，输入数字"5"，如图 3-18 中⑧所示）
指定下一点或 [圆弧(A)/闭合(C)/半宽(H)/长度(L)/放弃(U)/宽度(W)]:10↙（将鼠标向下移动一段距离后，输入数字"10"，如图 3-18 中⑨所示）
指定下一点或 [圆弧(A)/闭合(C)/半宽(H)/长度(L)/放弃(U)/宽度(W)]:↙

图 3-18　绘制多段线

（3）绘制斜线。单击"默认"标签→"绘图"面板→"直线"按钮✏，系统提示为：

命令：_line 指定第一点：捕捉如图 3-19 中①所示的点
指定下一点或 [放弃(U)]:移动光标，出现极轴追踪线和交点时单击鼠标，捕捉图 3-19 中②所示的点
指定下一点或 [放弃(U)]:✓（如图 3-19 中③所示）

图 3-19　绘制斜线

（4）修剪图形。单击"默认"标签→"修改"面板→"修剪"按钮，修剪多余的线段，结果如图 3-20 中①所示。

多段线是几段直线和圆弧构成的连续线段，它是一个单独的图形对象，若要对其中的一部分进行编辑，必须先分解为一个个的对象。

（5）分解图形。单击"默认"标签→"修改"面板→"分解"按钮，如图 3-20 中②所示，系统提示为：

命令：_explode
选择对象：选择如图 3-20 中③所示的图形
选择对象:✓

图 3-20　修剪和分解图形

（6）拉伸图形。选择"修改"→"拉伸"菜单命令，系统提示为：

命令:_stretch
以交叉窗口或交叉多边形选择要拉伸的对象...
　选择对象:选择如图 3-21 中①所示的虚线（注意必须是框选，一条线一条线地选择后拉伸出的是断裂的线）
　选择对象:✓
　指定基点或 [位移(D)] <位移>:在绘图区中任意单击一点
　指定第二个点或 <使用第一个点作为位移>:@10,0✓（输入相对坐标，结果如图 3-21 中②所示）

图 3-21　拉伸图形

（7）旋转图形。单击"默认"标签→"修改"面板→"旋转"按钮↻，系统提示为：

命令: _rotate
UCS 当前的正角方向: ANGDIR=逆时针　ANGBASE=0
　选择对象:选择整个图形，如图 3-22 中①所示
　选择对象:✓
　指定基点:捕捉圆心，如图 3-22 中②所示
　指定旋转角度，或 [复制(C)/参照(R)] <60>:-30✓（结果如图 3-22 中③所示）

图 3-22　旋转图形

3.3.1　用户坐标命令

用户坐标系（UCS）是可移动坐标系。UCS 可用于输入坐标、定义图形平面和设置，还可将三维空间直角坐标系的原点和方向按解题需要方便灵活地进行多方位的平移、旋转等坐标系变换，并在新确定的空间直角坐标系中以 XOY 平面为基面作图。

ⓘ 注意

改变UCS并不改变视点，它只是改变了坐标系的方向和倾斜度。

选择UCS坐标图标后会出现夹点，单击坐标原点夹点并移动鼠标，即可将UCS坐标定位到需要的位置。

可采用以下几种方法之一来激活 UCS 命令。

● ✖菜单栏：选择"工具(T)"→"新建 UCS(W)"菜单命令，然后选择某个选项。

- 🔧工具栏：单击"UCS"工具栏上的某个按钮。
- ⌨命令栏：UCS。
- 快捷菜单栏：在 UCS 图标上右击，然后选择某个命令。

UCS 各选项的功能如表 3-2 所示。

表 3-2　UCS 命令选项的说明

UCS	选 项 说 明
原点	平移 UCS 到新原点
X 轴旋转 UCS（X）	绕 X 轴旋转一个指定的角度，定义当前 UCS
Y 轴旋转 UCS（Y）	绕 Y 轴旋转一个指定的角度，定义当前 UCS
Z 轴旋转 UCS（Z）	绕 Z 轴旋转一个指定的角度，定义当前 UCS
3 点 UCS（3P）	指定新原点、新 X 轴正向上一点和 XY 面上 Y 轴正向一侧的一点。用三点定义当前 UCS
Z 轴 UCS（ZA）	指定新原点和新 Z 轴正向上一点，定义当前 UCS
视图 UCS（V）	UCS 原点不变，按 UCS 的 XOY 平面与当前屏幕平行来定义当前 UCS
对象 UCS（OB）	选定一个对象（如直线、圆等），按 AutoCAD 2006 规定对象
面 UCS（F）	将 UCS 与实体对象的选定面对齐
正交（G）	指定 AutoCAD 2006 提供的六个正交 UCS（俯视、仰视、主视、后视、左视、右视）之一
上一个（P）	恢复上一次的 UCS 为当前 UCS
恢复（R）	把一个命令保存的 UCS 定义为当前 UCS
保存（S）	把当前 UCS 命名保存
删除（D）	删除一个命令保存的 UCS
应用（A）	将当前 UCS 设置应用到指定的视口或所有的活动视口
？	列出保存的 UCS 名表
世界（W）	将世界坐标系设置为当前 UCS

（1）建立用户坐标。

命令:ucs↙
当前 UCS 名称: *世界*
指定 UCS 的原点或 [面(F)/命名(NA)/对象(OB)/上一个(P)/视图(V)/世界(W)/X/Y/Z/Z 轴(ZA)] <世界>:
捕捉圆心，如图 3-23 中①所示
指定 X 轴上的点或 <接受>:捕捉中点，如图 3-23 中②所示
指定 XY 平面上的点或 <接受>:↙（结果如图 3-23 中③所示）

图 3-23　建立用户坐标

（2）拉伸图形。选择 "修改"→"拉伸"菜单命令，系统提示为：

命令: _stretch
以交叉窗口或交叉多边形选择要拉伸的对象...
选择对象:单击如图 3-24 中①所示的点
指定对角点:单击如图 3-24 中②所示的点
选择对象:↙
指定基点或 [位移(D)]<位移>:捕捉如图 3-24 中③所示的点
指定第二个点或 <使用第一个点作为位移>:捕捉图 3-24 中④所示的点

结果如图 3-24 中⑤所示。

图 3-24 拉伸图形

（3）绘制矩形。单击"默认"标签→"绘图"面板→"矩形"按钮□，系统提示为：

命令: _rectang
指定第一个角点或 [倒角(C)/标高(E)/圆角(F)/厚度(T)/宽度(W)]:在绘图区任意位置单击确定一点
指定另一个角点或 [面积(A)/尺寸(D)/旋转(R)]:@10,6↙（输入矩形另一个角点的相对坐标）

3.3.2　对齐命令

可采用以下几种方法之一来激活对齐命令。

- 功能区：单击"默认"标签→"修改"面板→"对齐"按钮。
- 菜单栏：选择"修改(M)"→"三维操作(3)"→"对齐(L)"菜单命令。
- 工具栏：单击"修改"工具栏上的"对齐"按钮。
- 命令栏：align。

注意
对齐对象时，用于对齐的 3 个源点或 3 个目标点不能处在同一水平或垂直位置上。

单击"默认"标签→"修改"面板→"对齐"按钮，如图 3-25 中①所示。系统提示为：

命令: _align
选择对象:选择如图 3-25 中②所示的虚线图形
选择对象:↙
指定第一个源点: <对象捕捉 开>捕捉图 3-25 中③所示的中点
指定第一个目标点:捕捉图 3-25 中④所示的中点
指定第二个源点:↙（结果如图 3-25 中⑤所示）

图 3-25　对齐图形

3.3.3　面域命令

可采用以下几种方法之一来激活面域命令。

- ❖功能区：单击"默认"标签→"绘图"面板→"面域"按钮◻。
- ❖菜单栏：选择"绘图(D)"→"面域(N)"菜单命令。
- ❖工具栏：单击"绘图"工具栏上的"面域"按钮◻。

生成面域。面域绘图的基本思想是将图形分成几个组成部分，并将各部分创建成面域，再通过面域间的布尔运算构图。用 REGION 命令生成面域时，面域间的"差"运算是用一个或多个面域减去另一个或多个面域；面域间的"并"运算将多个面域合并为一个面域；面域间的"交"运算是计算多个面域的相交部分，以得到它们的交集。

单击"默认"标签→"绘图"面板→"面域"按钮◻，如图 3-26 中①所示。系统提示为：

```
命令:_region
选择对象:选择如图 3-26 中②所示的虚线图形
选择对象:↙
已提取 1 个环。
已创建 1 个面域。
命令:↙
选择对象:选择图 3-26 中③所示的虚线图形
选择对象:↙
已提取 1 个环。
已创建 1 个面域。
```

3.3.4　差集命令

可采用以下几种方法之一来激活差集命令。

- ❖功能区：单击"三维工具"标签→"实体编辑"面板→"差集"按钮◎。
- ❖菜单栏：选择"修改(M)"→"实体编辑(N)"→"差集(S)"菜单命令。
- ❖工具栏：单击"实体编辑"工具栏上的"差集"按钮◎。
- ❖命令栏：subtract。

选择"修改"→"实体编辑"→"差集"菜单命令，系统提示为：

命令:_subtract
选择要从中减去的实体、曲面和面域...
选择对象:选择图 3-26 中②所示的虚线图形
选择对象:↙
选择要减去的实体、曲面和面域...
选择对象:选择图 3-26 中③所示的虚线图形
选择对象:↙（结果如图 3-26 中④所示）

图 3-26 面域差集

恢复原始的世界坐标。

命令 ucs↙
当前 UCS 名称: *没有名称*
指定 UCS 的原点或 [面(F)/命名(NA)/对象(OB)/上一个(P)/视图(V)/世界(W)/X/Y/Z/Z 轴(ZA)] <世界>:
↙（回到原始的世界坐标）

3.4 凸轮轮廓

【例 3-4】绘制如图 3-27 所示的凸轮轮廓图形。

图 3-27 凸轮轮廓

此节主要介绍阵列、加长、样条曲线和圆弧的综合应用。下面介绍样条曲线拟合命令。

样条曲线是经过或接近一系列给定点的光滑曲线。它有拟合点和控制点两种绘制方式，拟合点是指样条曲线通过每个点（如图 3-28 中①～④所示），控制点是指样条曲线不通过每个点（如图 3-28 中⑤～⑧所示）。样条曲线绘制完成后可用 splineedit 命令或夹点编辑的方式进行调整。

图 3-28　拟合点和控制点的样条曲线

可采用以下几种方法之一来激活样条曲线拟合命令。

- 功能区：单击"默认"标签→"绘图"面板→"样条曲线拟合"按钮。
- 菜单栏：选择"绘图(D)"→"样条曲线"→"拟合点(F)"菜单命令。
- 工具栏：单击"绘图"工具栏上的"样条曲线"按钮。
- 命令栏：spline。

（1）在状态栏中切换到"正交"模式，单击"绘图"工具栏上的"直线"按钮，系统提示为：

命令: _line
指定第一点:在绘图区任意位置单击确定一点
指定下一点或 [放弃(U)]:6✓（鼠标向右移动到适当位置，输入数字 6 后按〈Enter〉键）
指定下一点或 [放弃(U)]:✓

（2）在绘图区内任意位置右击，从弹出的快捷菜单中选择"缩放"命令，如图 3-29 中①所示。将图形缩放到适当大小，如图 3-29 中②所示，按〈Esc〉或〈Enter〉键退出缩放模式。

（3）单击"默认"标签→"修改"面板→"阵列"下拉菜单→"环形阵列"按钮，系统提示为：

命令: _arraypolar
选择对象:选择刚绘制的水平直线，如图 3-29 中③所示的虚线
选择对象:✓
类型 = 极轴　关联 = 是
指定阵列的中心点或 [基点(B)/旋转轴(A)]:选择水平直线的左端点，如图 3-29 中④所示
选择夹点以编辑阵列或 [关联(AS)/基点(B)/项目(I)/项目间角度(A)/填充角度(F)/行(ROW)/层(L)/旋转项目(ROT)/退出(X)] <退出>:I✓（选择项目总数选项）
输入阵列中的项目数或 [表达式(E)] <6>:8✓（项目总数为 8，如图 3-29 中⑤所示）
选择夹点以编辑阵列或 [关联(AS)/基点(B)/项目(I)/项目间角度(A)/填充角度(F)/行(ROW)/层(L)/旋转项目(ROT)/退出(X)] <退出>:F✓（选择填充角度选项）
指定填充角度(+=逆时针、-=顺时针)或 [表达式(EX)] <360>:90✓（填充角度为 90°）
选择夹点以编辑阵列或 [关联(AS)/基点(B)/项目(I)/项目间角度(A)/填充角度(F)/行(ROW)/层(L)/旋转项

目(ROT)/退出(X)] <退出>:✓（如图 3-29 中⑥所示）

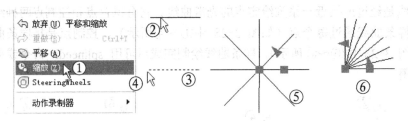

图 3-29　缩放和阵列水平线

（4）单击"默认"标签→"修改"面板→"分解"按钮，系统提示为：

命令：_explode
选择对象:选择刚阵列出来的 8 条线
选择对象:✓（按〈Enter〉键结束操作）

（5）单击"默认"标签→"修改"面板→"阵列"下拉菜单→"环形阵列"按钮，系统提示为：

命令: _arraypolar
选择对象:选择刚分解的图形中的最左边的垂直线，如图 3-30 中①所示的虚线
选择对象:✓
类型 = 极轴　关联 = 是
指定阵列的中心点或 [基点(B)/旋转轴(A)]:选择最左边垂直线的下端点，如图 3-30 中②所示
选择夹点以编辑阵列或 [关联(AS)/基点(B)/项目(I)/项目间角度(A)/填充角度(F)/行(ROW)/层(L)/旋转项目(ROT)/退出(X)] <退出>:I✓（选择项目总数选项）
输入阵列中的项目数或 [表达式(E)] <6>:5✓（项目总数为 5，如图 3-30 中③所示）
选择夹点以编辑阵列或 [关联(AS)/基点(B)/项目(I)/项目间角度(A)/填充角度(F)/行(ROW)/层(L)/旋转项目(ROT)/退出(X)] <退出>:F✓（选择填充角度选项）
指定填充角度(+=逆时针、-=顺时针)或 [表达式(EX)] <360>:90✓（填充角度为 90°）
选择夹点以编辑阵列或 [关联(AS)/基点(B)/项目(I)/项目间角度(A)/填充角度(F)/行(ROW)/层(L)/旋转项目(ROT)/退出(X)] <退出>:✓（如图 3-30 中④所示）

（6）单击"默认"标签→"修改"面板→"分解"按钮，系统提示为：

命令：_explode
选择对象:选择刚阵列出来的 5 条线，如图 3-30 中⑤所示的虚线
选择对象:✓（按〈Enter〉键结束操作）

图 3-30　阵列垂直线

（7）设置阵列出的各线段的精确长度。选择"修改"→"拉长"菜单命令，如图 3-31 中①②所示，系统提示为：

命令:_lengthen
　　选择对象或 [增量(DE)/百分数(P)/全部(T)/动态(DY)]:选择斜线，注意选择位置要远离中心而靠近外边，如图 3-31 中③所示
　　当前长度: 6.0
　　选择对象或 [增量(DE)/百分数(P)/全部(T)/动态(DY)]:t↙（输入字母"t"后按〈Enter〉键）
　　指定总长度或 [角度(A)] <1.0>:5.5↙（输入数字"5.5"后按〈Enter〉键）
　　选择要修改的对象或 [放弃(U)]:再次选择同一根斜线，注意选择位置要远离中心而靠近外边，如图 3-31 中③所示
　　选择要修改的对象或 [放弃(U)]:↙（至此，所选斜线的长度由原来的 6 变为了 5.5，如图 3-31 中④所示）

图 3-31　修改斜线的精确长度

依次修改①～⑨的长度为 5.3、6.2、10.5、11.2、10.6、9.7、7.9、6.8、6.2，结果如图 3-32 所示。

图 3-32　设置斜线的精确长度

（8）绘制样条曲线。单击"绘图"工具栏上的"样条曲线"按钮，系统提示为：

命令: _spline↙
指定第一个点或 [对象(O)]:单击最右边的水平线的右端点
指定下一点:依次单击各线段的端点
指定下一点或 [闭合(C)/拟合公差(F)] <起点切向>:↙
指定起点切向:↙
指定端点切向:↙（结果如图 3-33 所示）

（9）单击"绘图"工具栏上的"圆弧"按钮⌒，系统提示为：

命令: _arc↙
指定圆弧的起点或 [圆心(C)]:捕捉左端点,如图 3-34 中①所示
指定圆弧的第二个点或 [圆心(C)/端点(E)]:c↙（输入字母"c"后按〈Enter〉键）
指定圆弧的圆心:捕捉中间的端点,如图 3-34 中②所示
指定圆弧的端点或 [角度(A)/弦长(L)]:捕捉右端点,如图 3-34 中③所示

图 3-33　绘制样条曲线

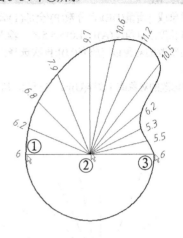

图 3-34　绘制圆弧

（10）单击"修改"工具栏上的"删除"按钮⌀，删除辅助用的斜线。

3.5　符合投影规律的作图方法

【**例 3-5**】先绘制主视图和左视图，如图 3-35 所示。再补画俯视图，仅供参考的立体图如图 3-36 所示。

图 3-35　已知视图

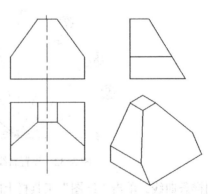

图 3-36　补画的俯视图和仅供参考的立体图

分析：这是切割类的模型。先绘制主视图，然后利用"高平齐"绘制左视图，难点在于俯视图。该例题中将用正交、对象捕捉、极轴和偏移的方法来补画俯视图，偏移命令主要用于画"宽相等"，这样可以免去很多辅助线。其作图步骤如下。

（1）绘制主视图轮廓。单击"默认"标签→"绘图"面板→"直线"按钮 ，系统提示为：

命令:_line 指定第一点:在绘图区任意位置单击确定一点，如图3-37中①所示

指定下一点或 [放弃(U)]:<正交 开>5↙（切换到"正交"模式 或者按〈F8〉键，将鼠标向右

移动一段距离后，输入数字"5"，如图3-37中②所示）

指定下一点或 [放弃(U)]:30↙（将鼠标向下移动一段距离后，输入数字"30"，如图3-37中③所示）

指定下一点或 [放弃(U)]:19↙（将鼠标向左移动一段距离后，输入数字"19"，如图3-37中④所示）

指定下一点或 [放弃(U)]:11↙（将鼠标向上移动一段距离后，输入数字"11"，如图3-37中⑤所示）

指定下一点或 [放弃(U)]:捕捉①点

指定下一点或 [放弃(U)]:↙

（2）镜像主视图轮廓。单击"默认"标签→"修改"面板→"镜像"按钮 ，如图 3-38 中①所示。系统提示为：

命令:_mirror

选择对象:选择图形，如图3-38中虚线所示

选择对象:↙

指定镜像线的第一点:捕捉图3-38中②所示的点

指定镜像线的第二点:捕捉图3-38中③所示的点

要删除源对象吗？[是(Y)/否(N)] <N>:↙（不删除源对象，结果如图3-38中④所示）

图3-37　绘制主视图轮廓

图3-38　镜像主视图轮廓

（3）绘制左视图。单击"默认"标签→"绘图"面板→"直线"按钮 ，如图 3-39 中①所示。系统提示为：

命令:_line 指定第一点: <极轴 开>按下状态栏上的"极轴追踪"模式按钮 或者按〈F10〉键，用鼠标碰到右上端点但不要按下键，如图 3-39 中②所示。将鼠标向右移动适当的距离引出追踪虚线后单击以确定左视图的起点，如图3-39中③所示

指定下一点或 [放弃(U)]:用鼠标碰到右下端点但不要按下键，如图 3-39 中④所示。将鼠标向右移动适当的距离引出追踪虚线的交点时单击以确定垂直线的下端点，如图3-39中⑤所示

指定下一点或 [放弃(U)]:29↙（将鼠标向右移动一段距离后，输入数字"19"，如图3-39中⑥所示）

指定下一点或 [放弃(U)]:↙

图 3-39　绘制两条直线

命令:✓（重复画线命令）
LINE 指定第一点:捕捉左视图中如图 3-40 中①所示的点
指定下一点或 [放弃(U)]:10✓（将鼠标向右移动一段距离后，输入数字"10"，如图 3-40 中②所示）
指定下一点或 [放弃(U)]:捕捉左视图中图 3-40 中③所示的点
指定下一点或 [放弃(U)]:✓（结果如图 3-40 中④所示）

图 3-40　左视图外轮廓

命令:✓
LINE 指定第一点:用鼠标碰到图 3-41 中①所示的点，但不要按下键。将鼠标向右移动适当的距离引出追踪虚线的交点时单击以确定第一点，如图 3-41 中②所示
指定下一点或 [放弃(U)]:继续将鼠标向右移动适当的距离引出追踪虚线的交点时单击以确定另一点，如图 3-41 中③所示
指定下一点或 [放弃(U)]:✓

图 3-41　完成左视图

（4）绘制水平线。单击"默认"标签→"绘图"面板→"直线"按钮，系统提示为:

命令:_line 指定第一点:<极轴 开>用鼠标碰到左下端点但不要按下键,如图 3-42 中①所示。将鼠标向下移动适当的距离引出追踪虚线时单击以确定一点,如图 3-42 中②所示

指定下一点或 [放弃(U)]:用鼠标碰到如图 3-42 中③所示右下端点但不要按下键,将鼠标向右移动适当的距离引出追踪虚线的交点时单击以确定一点,如图 3-42 中④所示

指定下一点或 [放弃(U)]:✓

图 3-42　绘制水平线

（5）偏移水平线。单击"默认"标签→"修改"面板→"偏移"按钮，如图 3-43 中①所示。系统提示为:

命令:_offset
当前设置: 删除源=否　图层=源　OFFSETGAPTYPE=0
指定偏移距离或 [通过(T)/删除(E)/图层(L)] <22.0>:单击图 3-43 中②所示的点
指定第二点:单击图 3-43 中③所示的点
选择要偏移的对象, 或 [退出(E)/放弃(U)] <退出>:选择图 3-43 中④所示的水平线
指定要偏移的那一侧上的点, 或 [退出(E)/多个(M)/放弃(U)] <退出>:鼠标光标向下方移动到任意点单击
选择要偏移的对象, 或 [退出(E)/放弃(U)] <退出>:✓ （结果如图 3-43 中⑤所示）

图 3-43　偏移水平线

类似地偏移出另两条直线，如图 3-44 中④和⑧所示。

图 3-44　偏移出两条直线

（6）绘制垂直线。单击"默认"标签→"绘图"面板→"直线"按钮，系统提示为：

命令: _line 指定第一点: <极轴 开>用鼠标碰到如图 3-45 中①所示的点但不要按下键。将鼠标向下移动适当的距离引出追踪虚线交点时单击，如图 3-45 中②所示

指定下一点或 [放弃(U)]:继续向下移动鼠标到适当的距离引出追踪虚线的交点时单击，如图 3-45 中③所示

指定下一点或 [放弃(U)]:↙

类似地绘制另一条垂直线，如图 3-45 中④所示。

图 3-45　绘制两条垂直线

（7）连接直线。单击"默认"标签→"绘图"面板→"直线"按钮，连接图 3-46 所示的 4 条直线。

图 3-46　连接直线

（8）修剪和删除图形。分别单击"默认"标签→"修改"面板→"修剪"按钮 ⚡修剪 ▾ 和"删除"按钮 ✎，整理后的图形如图 3-47 所示。

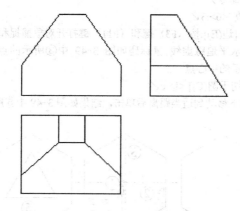

图 3-47　修剪和删除图形

3.6　用几何约束绘图的方法

【例 3-6】　绘制图 3-48 所示几何图形。

图 3-48　几何图形

分析：正六边形与正三角形同心，6 个圆两两相切，且分别与正六边形相邻两边相切；正三角形与 3 个大圆相切，且与 3 个小圆分别相交于三角形的三个顶点。此题的关键在于确定任一组相邻的大、小圆的位置后用圆周阵列即可。

3.6.1　传统几何约束绘图

（1）绘制任意边长的同心的辅助正六边形和正三角形，以确定一组相邻大、小圆的位置。单击"默认"标签→"绘图"面板→"正多边形"按钮 ⬠，系统提示为：

命令: _polygon
输入侧面数 <4>:6↙
指定正多边形的中心点或 [边(E)]:e↙（用边长的方式绘制多边形）
指定边的第一个端点:在绘图区适当地方单击确定一点

指定边的第二个端点:按〈F8〉键打开"正交模式",鼠标向下动任意一段距离后单击,结果如图 3-49 中①所示

命令:↙（重复绘制多边形命令）

命令:_polygon 输入侧面数 <6>:3↙

指定正多边形的中心点或 [边(E)]:按〈F3〉键和〈F11〉键打开对象捕捉和追踪功能,鼠标碰到图 3-49 中②所示的点后向右移动引出水平追踪虚线;鼠标碰图 3-49 中③所示的点后向下移动引出垂直追踪虚线,定位交点为图 3-49 中④所示的中心点

输入选项 [内接于圆(I)/外切于圆(C)] <I>:c↙

指定圆的半径:鼠标垂直向下移动到适当距离后单击,结果如图 3-49 中⑤所示

图 3-49　绘制正六边形和正三角形

（2）绘制一组相邻的大小圆。用"端点、切点、切点"方式绘制小圆。单击"默认"标签→"绘图"面板→"圆"按钮⊙，系统提示为：

命令:_circle

指定圆的圆心或 [三点(3P)/两点(2P)/切点、切点、半径(T)]:3p↙（选择三点画圆的方式）

指定圆上的第一个点:捕捉三角形的端点,如图 3-50 中①所示

指定圆上的第二个点:按住〈Shift〉键并在绘图区域内右击,从弹出的快捷菜单中选择"切点"命令,_tan 到移动鼠标到垂直线上单击,如图 3-50 中②所示

指定圆上的第三个点: 按住〈Shift〉键并在绘图区域内右击,从弹出的快捷菜单中选择"切点"命令,_tan 到移动鼠标到斜线上单击,如图 3-50 中③所示,结果如图 3-50 中④所示

命令:↙（重复画圆命令。用"切点、切点、切点"方式绘制大圆）

指定圆的圆心或 [三点(3P)/两点(2P)/切点、切点、半径(T)]:3p↙

指定圆上的第一个点: _tan 到按住〈Shift〉键并在绘图区域内右击,从弹出的快捷菜单中选择"切点"命令,捕捉水平线,如图 3-50 中⑤所示

指定圆上的第二个点: _tan 到按住〈Shift〉键并在绘图区域内右击,从弹出的快捷菜单中选择"切点"命令,捕捉小圆,如图 3-50 中⑥所示

指定圆上的第三个点: _tan 到按住〈Shift〉键并在绘图区域内右击,从弹出的快捷菜单中选择"切点"命令,捕捉斜线,如图 3-50 中⑦所示

图 3-50　绘制一组相邻的大小圆

（3）绘制大圆的外切小正六边形，使小正六边形的左下方斜边与大正六边形的左下方斜边重合。单击"默认"标签→"绘图"面板→"正多边形"按钮⬠，系统提示为：

86

```
命令:_polygon
输入侧面数 <4>:6↙
指定正多边形的中心点或 [边(E)]:捕捉圆心,如图 3-51 中①所示
输入选项 [内接于圆(I)/外切于圆(C)] <I>:c↙
指定圆的半径:捕捉图 3-51 中②所示的交点,结果如图 3-51 中③所示
命令:
```

图 3-51　绘制多边形

（4）解此题最为关键的一步是巧妙地运用 Scale 命令对小正六边形进行缩放。单击"修改"面板→"缩放"按钮，系统提示为：

```
命令:_scale↙
选择对象:选择小正六边形,如图 3-52 中①所示
选择对象:↙(按〈Enter〉键结束选择)
指定基点:用鼠标捕捉小正六边形最下方的点,如图 3-52 中②所示
指定比例因子或 [复制(C)/参照(R)] <1.0>:r↙(输入"r",执行参照缩放)
指定参照长度 <1.0>:用鼠标再次捕捉小正六边形最下方的点,如图 3-52 中②所示
指定第二点:用鼠标捕捉小正六边形左下方的点,如图 3-52 中③所示
指定新的长度或 [点(P)] <1.0>:用鼠标捕捉图 3-52 中④所示的大正六边形左下方的点,结果如图 3-52
中⑤所示
```

单击"常用"标签→"修改"面板→"删除"按钮，系统提示为：

```
命令:_erase
选择对象:选择大六边形与三角形
选择对象:↙（结果如图 3-52 中⑥所示）
```

图 3-52　缩放小正六边形

（5）单击"默认"标签→"修改"面板→"阵列"下拉菜单→"环形阵列"按钮，系统提示为：

命令: _arraypolar

选择对象:选择大圆和小圆，如图 3-53 中①所示的虚线

选择对象:✓

类型 = 极轴 关联 = 是

指定阵列的中心点或 [基点(B)/旋转轴(A)]:捕捉正六边形的中心，如图 3-53 中②所示

选择夹点以编辑阵列或 [关联(AS)/基点(B)/项目(I)/项目间角度(A)/填充角度(F)/行(ROW)/层(L)/旋转项目(ROT)/退出(X)] <退出>:I✓ （选择项目总数选项）

输入阵列中的项目数或 [表达式(E)] <6>:3✓ （项目总数为3）

选择夹点以编辑阵列或 [关联(AS)/基点(B)/项目(I)/项目间角度(A)/填充角度(F)/行(ROW)/层(L)/旋转项目(ROT)/退出(X)] <退出>:✓ （结果如图 3-53 中③所示）

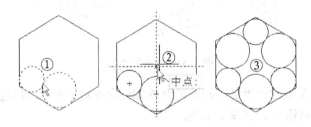

图 3-53　阵列圆

（6）单击"默认"标签→"绘图"面板→"正多边形"按钮⬠，系统提示为：

命令: _polygon

输入侧面数 <4>:3✓

指定正多边形的中心点或 [边(E)]:捕捉正六边形的中心，如图 3-54 中①所示

输入选项 [内接于圆(I)/外切于圆(C)] <I>:c✓

指定圆的半径:捕捉图 3-54 中②所示的象限点，结果如图 3-54 中③所示

图 3-54　绘制三角形

（7）单击"默认"标签→"修改"面板→"缩放"按钮🔲，系统提示为：

命令: _scale

选择对象:all✓

选择对象:✓

指定基点:捕捉上端点，如图 3-55 中①所示

指定比例因子或 [复制(C)/参照(R)]:r✓

指定参照长度 <1.0000>:再次捕捉上端点，如图 3-55 中①所示

指定第二点: 捕捉端点，如图 3-55 中②所示

指定新的长度或 [点(P)] <1.0000>:30✓ （结果如图 3-55 中③所示）

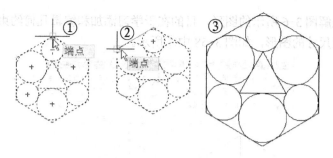

图 3-55　缩放图形

3.6.2　自动约束和几何约束绘图

AutoCAD 2016 的约束操作命令，集成在"参数"菜单（工作空间为"AutoCAD 经典"）或"参数化"选项卡（工作空间为"二维草图与注释"），如图 3-56 所示。

图 3-56　"参数"菜单和"参数化"选项卡

在使用"二维草图与注释"工作空间时，单击"参数化"选项卡的"几何"或"标注"面板下方右侧的按钮 ，如图 3-57 中①②所示；在使用"AutoCAD 经典"工作空间时，选择"参数"→"约束设置"菜单命令，即可弹出"约束设置"对话框，可分别对"几何""标注"和"自动约束"进行设置，如图 3-57 中③～⑤所示。

图 3-57　约束设置

用约束的方法解图3-6所示的图形，目的在于学习添加和编辑几何约束的一般方法。

（1）绘制任意尺寸的图形，如图3-58中①所示。

图3-58 自动约束

（2）添加"自动约束"约束。单击"参数化"标签→"几何"面板→"自动约束"按钮，如图3-58中②所示。系统提示为：

命令: _AutoConstrain
选择对象或 [设置(S)]:选择图形，如图3-58中①所示
选择对象或 [设置(S)]:✓（结果如图3-58中③所示）
已将 30 个约束应用于 8 个对象

自动约束是几何约束的一种，能分析图形现有的几何关系，按事先的设置将其几何约束关系添加到图形中。

几何约束确定二维几何对象之间或对象上的每个点之间的几何关系，如相等、平行、垂直等。其功能如表3-3所示。

表3-3 几何约束的功能

约束类型	功能
水平 〓	强制使一条直线或一对点与当前 UCS 的 X 轴保持平行
竖直 ⫴	强制使一条直线或一对点与当前 UCS 的 Y 轴保持平行
垂直 〱	强制使两条直线或多段线线段的夹角保持90°
平行 ∥	强制使两条直线保持相互平行
相切 ⌒	强制使两条曲线保持相切或与其延长线保持相切
相等 ＝	强制使两条直线或多段线线段具有相同长度，或强制使圆弧具有相同半径值
平滑 ∿	强制使一条样条曲线与其他样条曲线、直线、圆弧或多段线保持几何连续性
重合 ⌊	强制使两个点或一个点和一条直线重合
同心 ◎	强制使选定的圆、圆弧或椭圆保持同一中心点
共线 ⟋	强制使两条直线位于同一条无限长的直线上
对称 ⌶	强制使对象上的两条曲线或两个点关于选定直线保持对称
固定 🔒	使一个点或一条曲线固定到相对于世界坐标系（WCS）的指定位置和方向上
自动约束 ⌐	根据选择对象自动添加几何约束

90

添加几何约束时，所选的第一个对象基本保持固定，所选的第二个对象会根据第一个对象进行调整。如平行约束时，选择的第二个对象发生位置变化，使之与第一个对象平行。

（3）添加"相切"约束。单击"参数化"标签→"几何"面板→"相切"约束按钮 ，如图 3-59 中①所示。系统提示为：

命令：_GcTangent
选择第一个对象：单击图 3-59 中②所示的大圆
选择第二个对象：单击图 3-59 中③所示的小圆，结果如图 3-59 中④所示

图 3-59　添加"相切"约束

（4）单击"参数化"标签→"几何"面板→"全部隐藏"按钮。单击"默认"标签→"修改"面板→"阵列"下拉菜单→"环形阵列"按钮 ，系统提示为：

命令：_arraypolar
选择对象：选择大圆和小圆，如图 3-60 中①所示的虚线
选择对象：✓
类型 = 极轴　关联 = 是
指定阵列的中心点或 [基点(B)/旋转轴(A)]：捕捉正六边形的中心，如图 3-60 中②所示
选择夹点以编辑阵列或 [关联(AS)/基点(B)/项目(I)/项目间角度(A)/填充角度(F)/行(ROW)/层(L)/旋转项目(ROT)/退出(X)] <退出>：I✓（选择项目总数选项）
输入阵列中的项目数或 [表达式(E)] <6>：3✓（项目总数为 3）
选择夹点以编辑阵列或 [关联(AS)/基点(B)/项目(I)/项目间角度(A)/填充角度(F)/行(ROW)/层(L)/旋转项目(ROT)/退出(X)] <退出>：✓（结果如图 3-60 中③所示）

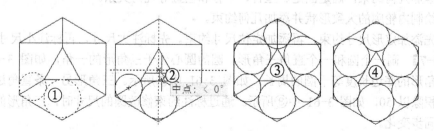

图 3-60　阵列圆

（5）单击"默认"标签→"修改"面板→"删除"按钮 ✐，系统提示为：

命令:_erase
选择对象:选择 4 条直线
选择对象:↙（结果如图 3-60 中④所示）

（6）单击"默认"标签→"修改"面板→"缩放"按钮 ⬚，系统提示为：

命令:_scale
选择对象:all↙
选择对象:↙
指定基点:捕捉正六边形上端点
指定比例因子或 [复制(C)/参照(R)]: r↙
指定参照长度 <1.0000>:再次捕捉正六边形上端点
指定第二点:捕捉正六边形右上端点
指定新的长度或 [点(P)] <1.0000>:30↙

（7）编辑几何约束。对已添加到图形中的几何约束，可以选择隐藏、显示和删除等操作。单击"参数化"标签→"几何"面板→"全部显示"按钮，则图形中所有的几何约束将全部显示出来。添加几何约束后，在对象的旁边会出现约束图标。将鼠标移到图标或对象上，系统将高亮显示相关的对象和约束图标，右击，在弹出的快捷菜单中选择"删除"命令即可删除约束图标。

3.7 用参数化绘图

前面绘制图形时都是通过从键盘上输入准确的数字或者通过捕捉或者通过极轴追踪等来实现精确绘图，若想改变图形的形状和大小，通常需要重新绘制。而参数化绘制的图形其形状和大小均可以通过几何及尺寸约束来改变，这给绘图带来了方便。

参数化绘图的步骤为：

（1）根据图样的大小确定绘图区域的大小，并将绘图区域充满图形窗口显示，以避免草图轮廓形状失真太多时进行尺寸约束，导致图形变化太多而带来意想不到的麻烦。

（2）仔细分析图形，将图形分为外轮廓和多个内轮廓。

（3）绘制外轮廓的大致形状，如大小、平行等。

（4）添加几何约束，确定固定、重合、平行和垂直等几何关系。

（5）绘制内轮廓的大致形状并添加几何约束。

（6）先添加定形尺寸约束，再添加定位尺寸约束。先标注大尺寸，再标注小尺寸。

【例 3-7】 画一个圆和一个直角三角形，圆的圆心位于三角形的一角，如图 3-61 中①所示。三角形的底边长度等于圆的周长，如图 3-61 中②所示。三角形另一条直角边的长度等于圆面积除以 50，如图 3-61 中③所示。通过标注约束修改圆的尺寸时，三角形的两条直角边也能同步变化。

图 3-61　参数化绘图

3.7.1　绘制图形

（1）绘制大致图形，利用捕捉使三角形的两条边的一端位于圆心上，如图 3-62 中①所示。

（2）添加自动几何约束。单击"参数化"标签→"几何"面板→"自动约束"按钮，如图 3-62 中②所示。系统提示为：

> 命令：_AutoConstrain
> 选择对象或 [设置(S)]:选择所绘制的图形，如图 3-62 中③④所示
> 选择对象或 [设置(S)]:↙
> 已将 4 个约束应用于 4 个对象

结果如图 3-62 中⑤～⑦所示，3 个点都添加了"重合"约束。

图 3-62　添加自动约束

3.7.2　添加几何约束

（1）添加水平约束。单击"参数化"标签→"几何"面板→"水平"约束按钮，如图 3-63 中①所示。系统提示为：

> 命令：_GcHorizontal
> 选择对象或 [两点(2P)]<两点>:选择斜线，如图 3-63 中②所示

结果如图 3-63 中③所示。

图 3-63 添加水平约束

（2）添加垂直约束。单击"参数化"标签→"几何"面板→"垂直"约束按钮⊠，如图 3-64 中①所示。系统提示为：

命令：_GcPerpendicular
选择第一个对象:选择底边，如图 3-64 中②所示
选择第二个对象:选择斜边，如图 3-64 中③所示

结果如图 3-64 中④所示。

图 3-64 添加垂直约束

（3）添加固定约束。单击"参数化"标签→"几何"面板→"固定"约束按钮🔒，如图 3-65 中①所示。系统提示为：

命令:_GcFix
选择点或 [对象(O)] <对象>:选择圆，如图 3-65 中②所示

结果如图 3-65 中③所示。

🚫 **注意**

在进行几何约束时，要注意"选择点"和"选择对象"的不同！

图 3-65　添加固定约束

3.7.3　添加标注约束

标注约束和相关的指定值能够控制二维几何对象之间或对象上的点之间的距离或角度或圆弧和圆的大小，还可以通过变量和方程式约束几何图形。改变尺寸约束，则约束驱动对象发生改变。其功能如表 3-4 所示。

表 3-4　标注约束的功能

约 束 按 钮	约 束 名 称	功　　能
	水平标注约束	控制一个对象上的两点之间或两个对象之间的 X 距离
	竖直标注约束	控制一个对象上的两点之间或两个对象之间的 Y 距离
	线性标注约束	控制一个对象上的两点之间或两个对象之间的 X 距离或 Y 距离
	对齐标注约束	控制一个对象上的两点、一个点与一个对象或两条直线段之间的距离
	角度标注约束	控制两条直线段之间、两条多段线线段之间或圆弧的角度
	半径标注约束	控制圆、圆弧或多段线圆弧段的半径
	直径标注约束	控制圆、圆弧或多段线圆弧段的直径
	显示	显示或隐藏与对象选择集关联的动态约束
	转换	(1) 将普通尺寸标注（与标注对象关联）转换为标注约束 (2) 将动态约束与注释性约束相互转换 (3) 利用"形式(F)"选项指定当前尺寸约束为动态约束或注释性约束

动态约束：标注外观由固定的预定义标注样式决定，不能修改，不能打印。在缩放操作过程中动态约束保持相同大小。

注释性约束：标注外观由当前标注样式决定，可以修改，可以打印。在缩放操作过程中，注释性约束的大小发生变化。可以将其放在同一层上，可以修改颜色和可见性。

选择尺寸约束，右击，在弹出的快捷菜单中选择"特性"命令，在"特性"对话框中的"约束形式"下拉列表中选择"动态"或"注释性"，可实现两者的转换。

编辑尺寸约束的方法：

1）双击尺寸约束或输入命令"ddedit"，编辑尺寸约束的值、变量名或表达式。

2）选择尺寸约束，右击，用快捷菜单中的相应选项编辑尺寸约束。

3）选择尺寸约束，拖动与其关联的三角形夹点来改变尺寸约束的值，同时驱动图形作出改变。

添加直径标注约束。单击"参数化"标签→"标注"面板→"直径"约束按钮，如图 3-65 中④所示。系统提示为：

命令：_DcDiameter
选择圆弧或圆:选择圆，如图 3-65 中⑤所示
标注文字 = 23✓
指定尺寸线位置:✓

结果如图 3-65 中⑥所示。

双击直径尺寸，输入"60"，按〈Enter〉键，结果如图 3-65 中⑦所示。

3.7.4 检查约束状态

通过块编辑器进行约束状态检查。编辑块定义命令为：

命令:BE✓

1）打开"编辑块定义"对话框，选择"<当时图形>"，单击"确定"按钮，如图 3-66 中①②所示。激活"编写选项板"，如图 3-66 中③所示。

图 3-66　检查约束状态

2）单击"管理"面板上的"约束状态"按钮，如图 3-66 中④所示。可以看到圆的四边呈现出"洋红"色，说明圆已被"完全约束"。

说明：单击"管理"面板右下角的按钮 ↘，如图 3-66 中⑤所示。弹出"块编辑器设置"对话框，可以看到"约束状态"选项组中，"未约束""完全约束""部分约束"和"错误约束"4 种不同约束状态是用不同的颜色来表示的，如图 3-66 中⑥所示。

3）单击"关闭块编辑器"按钮，如图 3-66 中⑦所示。弹出"块 — 未保存更改"对话框，选择"放弃更改并关闭块编辑器"，如图 3-66 中⑧所示，退出块编辑器。

说明：检查约束状态，必须在块编辑器中进行，本例也可不进行约束检查的操作。

3.7.5 建立标注约束参数与用户参数的关系

（1）添加水平尺寸约束。单击"参数化"标签→"标注"面板→"水平"约束按钮，如图 3-67 中①所示。系统提示为：

命令：_DcHorizontal
指定第一个约束点或［对象(O)］〈对象〉:↙（选择"对象"方式来标注）
选择对象:选择水平线，如图 3-67 中②所示
指定尺寸线位置:移动鼠标到适当位置，单击
标注文字 = 31↙（如图 3-67 中③所示）

（2）添加竖直尺寸约束。单击"参数化"标签→"标注"面板→"竖直"约束按钮，如图 3-67 中④所示。系统提示为：

命令：_DcVertical
指定第一个约束点或 ［对象(O)］〈对象〉:鼠标指向一个点，出现约束点的提示时单击，如图 3-67 中⑤所示
指定第二个约束点:鼠标指向一个点，出现约束点的提示时单击，如图 3-67 中⑥所示
指定尺寸线位置: 移动鼠标到适当位置，单击
标注文字 = 33↙（如图 3-67 中⑦所示）

图 3-67　添加尺寸约束

（3）添加用户变量。单击"管理"面板上的按钮 fx，如图 3-68 中①所示，弹出"参数管理器"面板。单击"参数管理器"面板中的按钮，如图 3-68 中②所示，建立一个用户变量，如图 3-68 中③所示。双击用户变量 user1，将其更名为 s；双击表达式下方的"1"。将其改为"pi*(直径 1/2)^2"，即圆的面积，如图 3-68 中④所示。单击左边的"关闭"按钮 **x**，如图 3-68 中⑤所示。

说明：^2 表示二次方，pi 是圆周率。

图 3-68　添加用户变量并修改名称和表达式

（4）修改标注约束参数。单击"管理"面板上的按钮 fx，如图 3-69 中①所示。弹出"参数管理器"面板，双击标注约束参数 d1 表达式，将其修改为"直径 1*pi"，如图 3-69 中②所示。结果水平直线的长度即为圆周长，如图 3-69 中③所示。

图 3-69　修改表达式 1

（5）建立标注约束参数与用户参数的关系。双击"参数管理器"中标注约束参数 d2 的表达式，将其修改为为"s/50"，如图 3-70 中①所示。结果垂直线的长度即为圆面积除以 50, 如图 3-70 中②所示。

图 3-70　修改表达式 2

（6）双击"直径1＝60"，如图 3-71 中①所示。输入"50"，按〈Enter〉键，结果如图 3-71 中②所示。

图 3-71　修改直径

3.8　用夹点编辑图形

【例 3-8】绘制图 3-72 所示的图形并用夹点编辑。

图 3-72　用于夹点编辑的图形

3.8.1　椭圆命令

可采用以下几种方法之一来激活椭圆命令。

- ●功能区：单击"默认"标签→"绘图"面板→"椭圆"下拉菜单→"轴，端点"按钮○。
- ●菜单栏：选择"绘图(D)"→"椭圆(E)"→"轴，端点(E)"菜单命令。
- ●工具栏：单击"绘图"工具栏上的"椭圆"按钮○。
- ●命令栏：el。

（1）单击"默认"标签→"绘图"面板→"椭圆"下拉菜单→"轴，端点"按钮○，系统提示为：

> 命令: _ellipse
> 指定椭圆的轴端点或 [圆弧(A)/中心点(C)]:在绘图区任意位置单击确定一点，如图3-73中①所示
> 指定轴的另一个端点:@40,0↙（如图3-73中②所示）
> 指定另一条半轴长度或 [旋转(R)]:12↙（鼠标向上移动到适当位置后输入半轴长度，如图 3-73 中③所示）

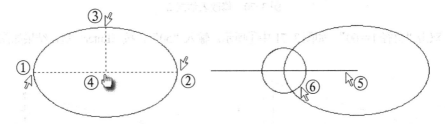

图 3-73　绘制图形

（2）单击"默认"标签→"绘图"面板→"直线"按钮／，系统提示为：

> 命令: _line
> 指定第一个点:捕捉椭圆圆心，如图3-73中④所示
> 指定下一点或 [放弃(U)]:@-40,0↙（结果绘制出一条水平直线，如图3-73中⑤所示）

（3）单击"默认"标签→"绘图"面板→"圆"按钮○，系统提示为：

> 命令: _circle
> 指定圆的圆心或 [三点(3P)/两点(2P)/切点、切点、半径(T)]:捕捉椭圆的左端点，如图3-73中①所示
> 指定圆的半径或 [直径(D)]:6↙（结果绘制出一个圆，如图3-73中⑥所示）

3.8.2　打断命令

可采用以下几种方法之一来激活打断命令。

- ●功能区：单击"默认"标签→"修改"面板→"打断"按钮□。
- ●菜单栏：选择"修改(M)"→"打断(K)"菜单命令。
- ●工具栏：单击"修改"工具栏上的"打断"按钮□。
- ●命令栏：br。

（1）单击"默认"标签→"修改"面板→"打断"按钮□，系统提示为：

> 命令: _break

选择对象:选择椭圆，如图 3-74 中①所示

指定第二个打断点 或 [第一点(F)]:F✓

指定第一个打断点:捕捉图 3-74 中②所示的点

指定第二个打断点: 捕捉图 3-74 中③所示的点，结果圆被打断了，如图 3-74 中④所示（系统按逆时针方向删除第一个点到第二个点之间的部分。要将对象一分为二并且不删除某个部分，输入的第一个点和第二个点应相同。通过输入"@"指定第二个点即可实现此目的）

图 3-74　打断椭圆

（2）单击"默认"标签→"修改"面板→"打断"按钮，系统提示为：

命令:_break

选择对象:选择椭圆弧，如图 3-75 中①所示

指定第二个打断点 或 [第一点(F)]:_f

指定第一个打断点:捕捉如图 3-75 中②所示的点

指定第二个打断点: @

命令:✓

选择对象:选择椭圆弧，如图 3-75 中③所示

指定第二个打断点 或 [第一点(F)]:_f

指定第一个打断点:捕捉图 3-75 中④所示的点

指定第二个打断点: @

（3）单击"默认"标签→"修改"面板→"删除"按钮，系统提示为：

命令:_erase

选择对象: 椭圆弧，如图 3-75 中③所示

选择对象:✓（结果如图 3-75 中⑤所示）

图 3-75　打断图形

3.8.3　合并命令

可采用以下几种方法之一来激活合并命令。

● 功能区：单击"默认"标签→"修改"面板→"合并"按钮。

- ⊗菜单栏：选择"修改(M)"→"合并(J)"菜单命令。
- ⊗工具栏：单击"修改"工具栏上的"合并"按钮╼。
- ⊞命令栏：join。

单击"默认"标签→"修改"面板→"合并"按钮╼，系统提示为：

命令: _join
选择源对象或要一次合并的多个对象:选择 2 条椭圆弧，如图 3-76 中①②所示
选择要合并的对象:✓（结果如图 3-76 中③所示）
2 条椭圆弧已合并为 1 条椭圆弧

图 3-76 合并图形

3.8.4 夹点编辑

夹点编辑是一种集成的编辑模式，它包含 6 个方法：拉伸、拉长、移动、旋转、缩放、镜像。它提供了一种方便快捷的编辑图形的途径，可直接操作对象，能够加速并简化编辑工作。AutoCAD 夹点编辑方式的默认状态是开启的。

单击直线选择之，在直线上会出现 3 个蓝色小方框，即夹点，它是对象上的控制点。将鼠标移动到一个夹点上但不要按下鼠标（如直线上的右端点）并稍等一会，就会在光标边上出现相关的命令和选项，如图 3-77 中①所示。在直线右端点上按下鼠标，它变为红色，即被激活了，被称为热夹点，如图 3-77 中②所示。激活夹点后系统自动进入"拉伸"编辑状态，且提示为：

命令:
** 拉伸 **
指定拉伸点或 [基点(B)/复制(C)/放弃(U)/退出(X)]:捕捉图 3-77 中③所示的点，结果如图 3-77 中④所示，直线缩短了，按〈Esc〉键结束命令

图 3-77 拉伸直线

激活夹点后若连续按〈Enter〉键，可在几种编辑方式间切换，也可右击，在弹出的快捷菜单中选择某种编辑方式。

系统为每种方式提供的选项基本相同，如所有编辑方式均有"基点（B）"和"复制（C）"选项。"复制（C）"是指在编辑的同时还需要复制对象。"基点（B）"是指拾取一个点作为编辑过程中的基点，默认的基点是热夹点，即选中的夹点。

夹点移动模式可以编辑单一对象或一组对象。选择小圆，单击图 3-78 中①所示的圆心点，系统提示为：

```
命令:
** 拉伸 **
指定拉伸点或 [基点(B)/复制(C)/放弃(U)/退出(X)]:↙
** MOVE **
指定移动点 或 [基点(B)/复制(C)/放弃(U)/退出(X)]:c↙（选择"复制"选项）
** MOVE (多个) **
指定移动点 或 [(B)/复制(C)/放弃(U)/退出(X)]:b↙（选择"基点"选项）
指定基点:↙（默认的基点就是激活的圆心点）
** MOVE (多个) **
指定移动点 或 [基点(B)/复制(C)/放弃(U)/退出(X)]:单击图 3-78 中②所示的直线左端点
** MOVE (多个) **
指定移动点 或 [基点(B)/复制(C)/放弃(U)/退出(X)]:单击图 3-78 中③所示的右上端点
** MOVE (多个) **
指定移动点 或 [基点(B)/复制(C)/放弃(U)/退出(X)]:↙（结果如图 3-78 中④所示）
```

图 3-78 夹点移动模式

夹点旋转的优点在于一次可将对象旋转且复制到多个方位。默认的热夹点就是旋转中心，但也可指定其他点作为旋转中心。选择最中间的小圆，单击图 3-79 中①所示的圆心点，系统提示为：

```
命令:
** 拉伸 **
指定拉伸点或 [基点(B)/复制(C)/放弃(U)/退出(X)]: _rotate 右击，在弹出的快捷菜单中选择"旋转"命令，如图 3-79 中②所示
** 旋转 **
指定旋转角度或 [基点(B)/复制(C)/放弃(U)/参照(R)/退出(X)]: b↙（选择"基点"选项）
指定基点:单击如图 3-79 中③所示的椭圆圆心
** 旋转 **
指定旋转角度或 [基点(B)/复制(C)/放弃(U)/参照(R)/退出(X)]: c↙（选择"复制"选项）
** 旋转 (多重) **
指定旋转角度或 [基点(B)/复制(C)/放弃(U)/参照(R)/退出(X)]: -30↙（输入旋转角度，结果如图 3-79 中④所示）
```

** 旋转 (多重)**
　　指定旋转角度或 [基点(B)/复制(C)/放弃(U)/参照(R)/退出(X)]: 90↙（输入旋转角度，结果如图 3-79 中⑤所示

** 旋转 (多重)**
　　指定旋转角度或 [基点(B)/复制(C)/放弃(U)/参照(R)/退出(X)]:↙

图 3-79　夹点旋转模式

3.9　用多线方式绘制和编辑图形

　　多线可以用来创建多条平行线。它由 1～16 条平行线组成，每条直线都称为多线的一个元素。

3.9.1　多线样式

　　在使用多线命令前，通常要对其样式进行设置，其步骤如下。

　　（1）选择"格式"→"多线样式"菜单命令，如图 3-80 中①②所示。在弹出的"多线样式"对话框中单击"新建"按钮，如图 3-80 中③所示。打开"创建新的多线样式"对话框，在"新样式名"文本框中输入"q"作为新的多线样式，如图 3-80 中④所示。单击"继续"按钮。

图 3-80　新建多线样式

（2）系统弹出"新建多线样式：Q"对话框，在"图元"选项组中，单击"添加"按钮，如图 3-81 中①所示。在两条平行线中间增加一条中线并自动选中，其偏移值为 0，如图 3-81 中②所示。单击"线型"按钮，单击"加载"按钮，如图 3-81 中③④所示。加载CENTER 中心线并选中，单击"确定"按钮关闭"选择线型"对话框，如图 3-81 中⑤⑥所示。单击"颜色"右侧的按钮，如图 3-81 中⑦所示，在下拉列表中选择"红"选项，将中心线设置为红色，单击"确定"按钮。

图 3-81　设置多线线型和颜色

（3）系统返回"多线样式"对话框并自动在"样式"列表框中选择新增加的"Q"多线样式，如图 3-82 中①所示。单击"置为当前"按钮，单击"确定"按钮，如图 3-82 中②③所示，即可完成多线样式的设置。

图 3-82　设置多线样式为当前

多线对正类型的含义如图 3-83 所示。

上　　　　　　　无　　　　　　　下

图 3-83　多线对正类型的含义

3.9.2　多线命令

可采用以下几种方法之一来激活多线命令。

- 功能区：单击"默认"标签→"绘图"面板→"多线"按钮。
- 菜单栏：选择"绘图(D)"→"多线(U)"菜单命令。
- 工具栏：单击"绘图"工具栏上的"多线"按钮。
- 命令栏：ml。

选择菜单"绘图(D)"→"多线(U)命令，系统提示为：

```
命令:_mline
指定起点或 [对正(J)/比例(S)/样式(ST)]:st✓
输入多线样式名或 [?]:q✓
当前设置: 对正 = 上, 比例 = 20.00, 样式 = Q
指定起点或 [对正(J)/比例(S)/样式(ST)]:s✓
输入多线比例 <20.00>:4✓
当前设置: 对正 = 上, 比例 = 4.00, 样式 = Q
指定起点或 [对正(J)/比例(S)/样式(ST)]:j✓
输入对正类型 [上(T)/无(Z)/下(B)] <上>:z✓
当前设置: 对正 = 无, 比例 = 4.00, 样式 = Q
指定起点或 [对正(J)/比例(S)/样式(ST)]:在绘图区任意位置单击, 如图 3-84 中①所示
指定下一点:鼠标向右移动到适当位置后单击, 绘出一条水平线, 如图 3-84 中②所示
指定下一点或 [放弃(U)]:✓
命令:
MLINE
当前设置: 对正 = 无, 比例 = 4.00, 样式 = Q
指定起点或 [对正(J)/比例(S)/样式(ST)]:在水平线上方适当位置单击, 如图 3-84 中③所示
指定下一点:鼠标向下移动到适当位置后单击, 绘出一条垂直线, 如图 3-84 中④所示
指定下一点或 [放弃(U)]:✓
```

3.9.3　多线编辑

对 T 形多线进行编辑时，应该注意多线的选择顺序。⊥形应该先选择上方的多线；⊤形应该先选择下方的多线；⊢形应该先选择左方的多线；⊢形应该先选择右方的多线。若不慎操作错误，可在命令行中输入"U"撤销上一步的操作。对"角点结合"形多线╚的修改与此类似。

图 3-84　绘制十字图形

选择"修改"→"对象"→"多线"菜单命令，如图 3-85 中①～③所示或者在命令行输入"mledit"。系统弹出"多线编辑工具"对话框，单击"T 形合并"按钮，如图 3-85 中④所示。系统返回绘图窗口。

图 3-85　修改多线 1

命令:_mledit
选择第一条多线:选择垂直线的上方，如图 3-85 中⑤所示
选择第二条多线:选择图 3-85 中⑥所示的水平线，结果如图 3-85 中⑦所示
选择第一条多线 或 [放弃(U)]:u✓（图形恢复为十字形）
选择第一条多线:选择垂直线的下方，如图 3-86 中①所示
选择第二条多线:选择图 3-86 中②所示的水平线，结果如图 3-86 中③所示
选择第一条多线 或 [放弃(U)]:u✓（图形恢复为十字形）
命令已完全放弃。
选择第一条多线:选择水平线的左方，如图 3-86 中④所示
选择第二条多线:选择图 3-86 中⑤所示的垂直线，结果如图 3-86 中⑥所示
选择第一条多线 或 [放弃(U)]:u✓（图形恢复为十字形）
命令已完全放弃。

按〈Esc〉键回到命令状态。

图 3-86　修改多线 2

选择"修改"→"对象"→"多线"菜单命令，系统弹出"多线编辑工具"对话框，单

击"十字闭合"按钮,如图 3-87 中①所示。系统返回绘图窗口。

```
命令:_mledit
选择第一条多线:选择垂直线的上方,如图 3-87 中②所示
选择第二条多线:选择图 3-87 中③所示的水平线,结果如图 3-87 中④所示
选择第一条多线 或 [放弃(U)]:u✓（图形恢复为十字形）
选择第一条多线:选择水平线,如图 3-87 中⑤所示
选择第二条多线:选择图 3-87 中⑥所示的垂直线,结果如图 3-87 中⑦所示
选择第一条多线 或 [放弃(U)]:u✓（图形恢复为十字形）
命令已完全放弃。
```

按〈Esc〉键回到命令状态。

图 3-87　修改多线 3

学习了一些基本命令后,读者有时会发现绘图效率低,有时甚至不知如何下手。这主要是因为对 CAD 的基本功能及操作了解得不透彻,没有掌握 CAD 绘图的一般方法及技巧。读者可以从下面几方面进行改进。

（1）熟悉 CAD 的操作环境,牢固掌握基本命令。

（2）注重上机练习,巩固所学的知识,提高绘图水平,在实战中发现问题,解决问题,掌握 CAD 精髓。

（3）结合专业知识,学习 CAD 的实用技巧,提高解决实际问题的能力。CAD 对不同的专业有不同的技巧,只有掌握了技巧,才能发挥 CAD 的强大功能。

3.10　习题

1. 绘制图 3-88 所示的平面图形。

a)　　　　　　　　b)

图 3-88　平面图形

图 3-88 平面图形（续）

图 3-88　平面图形（续）

2．绘制圆柱两边切口的三视图（二维的和三维的不用画），如图 3-89 所示。

3．绘制圆筒两边切口的三视图（二维的和三维的不用画），如图 3-90 所示。

图 3-89　圆柱两边切口

图 3-90　圆筒两边切口

4．绘制图 3-91 所示的简单组合体的模型。

5．绘制图 3-92 所示的简单组合体的模型。

图 3-91　组合体 1

图 3-92　组合体 2

6．绘制图 3-93 所示的组合体的模型。

7．绘制图 3-94 所示的组合体的模型。

图 3-93　组合体 3

图 3-94　组合体 4

8. 绘制图 3-95 所示的组合体的模型。

9. 绘制图 3-96 所示的组合体的模型。

图 3-95　组合体 5

图 3-96　组合体 6

10. 绘制图 3-97 所示的组合体的模型。

11. 绘制图 3-98 所示的组合体的模型。

图 3-97　组合体 7

图 3-98　组合体 8

12．绘制图 3-99 所示的组合体的模型。

13．绘制图 3-100 所示的组合体的模型。

图 3-99　组合体 9

图 3-100　组合体 10

14．绘制图 3-101 所示的组合体的模型。

15．绘制图 3-102 所示的组合体的模型。

图 3-101　组合体 11

图 3-102　组合体 12

16．绘制图 3-103 所示的组合体的模型。

17．绘制图 3-104 所示的组合体的模型。

图 3-103　组合体 13

图 3-104　组合体 14

18．绘制图3-105所示的组合体的模型。

19．绘制图3-106所示的组合体的模型。

图3-105　组合体9

图3-106　组合体10

20．绘制图3-107所示的低速滑轮装置的模型。

a)

b)

c)

d)

图3-107　低速滑轮装置

a) 滑轮　b) 托架　c) 心轴　d) 衬套

21. 绘制图 3-108 所示的圆弧连接的图形。

图 3-108　圆弧连接

22．绘制一个矩形和两个同心圆，圆的圆心位于矩形的中心，其中一个圆的面积等于矩形的面积，另一个圆的周长等于矩形的周长，通过标注约束修改矩形的尺寸时，圆的位置大小能同步变化，如图3-109所示。

图 3-109　参数化绘图

第4章 参数化的动态块/外部参照

本章介绍图块和外部参照的应用，新功能参数化的动态块的制作、调用和测试等知识，为零件图和装配图等后续内容做必要的准备。

4.1 图块

图块是定义好的并且被赋予名称的一组实体，系统将定义后的块作为一个实体来处理，并可按所需的比例和转角插入到图中的任意位置。这样各种各样的图形可以由图块结合成一个整体，可以快速绘制一些复杂图形，如机械零件图和装配图等。用户还可以删除和替换这些图块，大大方便了修改设计。

利用图块，可以建立图形库，供其他图形使用；可以便于修改图形；可以节省磁盘空间；可以在块中携带信息，而且这些信息可以在插入块后由用户重新定义，这些信息就称为块的属性。

用 BLOCK 命令创建的块只能用于本文件中，用 WBLOCK 命令创建的块既能用于本文件中，也能用于其他文件中。用 WBLOCK 命令定义的外部块实际是一个 DWG 图形文件，它不会保留图形中未用的层定义、块定义、线型定义等，因此可以将图形文件中的整个图形定义成外部块，并写入一个新文件。

国家标准规定表面粗糙度的画法为等边三角形，其高为 H，H=1.4h，h 为文字的高，如果文字高为 3.5，那么 H=1.4×3.5=4.9。因此将尺寸定为 1.4 和 2.8，因为根据国家机械制图标准要求，表面粗糙度符号在图样上所绘的高应是字高的 2.8 倍，三角形部分的高是字高的 1.4 倍。现在按字高为 1 来定义块，将来在使用时可以方便地根据图样中所采取的字高，用相应的比例插入图块。

4.1.1 绘制定义为图块的图形

正多边形的特征是无论它有多少条边，每条边长都等长。边长不等长的多边形属于非正多边形。AutoCAD 提供了绘制正多边形的命令，绘制正多边形的边数的范围是 3～1024。从三角形到五边形、10 边形直至 1024 边形都可以通过正多边形命令得到。当边数足够多的时候，这个正多边形就可以被视为圆的拟合。

绘制正多边形的方法可以分为中心点法和边长法两种。中心点法又分为内接圆和外切圆两种形式。

命令:pol↙
输入边的数目 <4>:3↙（输入数字"3"后按〔Enter〕键）

指定正多边形的中心点或 [边(E)]:e✓（输入字母"e"后按〈Enter〉键）

指定边的第一个端点:在绘图区适当地方单击确定一点

指定边的第二个端点:1.6166✓（按〈F8〉键打开"正交模式"，鼠标向左移动任意一段距离后输入数字"1.6166"并按〈Enter〉键

命令行：explode✓

选择对象:选择正三角形

选择对象:✓（按〈Enter〉键结束操作）

命令:lengthen✓

选择对象或 [增量(DE)/百分数(P)/全部(T)/动态(DY)]:p✓（输入字母"p"后按〈Enter〉键）

输入长度百分数 <100.0>: 200✓（输入数字"200"后按〈Enter〉键）

选择要修改的对象或 [放弃(U)]:选择右斜边靠上的位置，如图 4-1 中①所示

选择要修改的对象或 [放弃(U)]:✓（结果如图 4-1 中②所示）

命令: line✓

指定第一个点:

指定下一点或 [放弃(U)]:鼠标向左移动任意一段距离后输入数字 2 并按〈Enter〉键

指定下一点或 [放弃(U)]:✓（结果如图 4-1 中③所示）

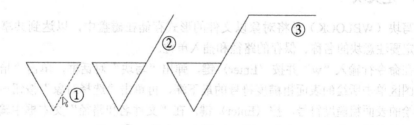

图 4-1　绘制表面粗糙度符号

4.1.2　定义属性

块的属性是附加在块上的文本，类似于商品的标签。存储在属性中的信息称为属性值。在创建一个块时，属性是预先被定义在块中的特殊文本对象。在执行"块"命令时，属性是该命令选择的对象之一。在插入块时，属性也将附着到块中，并将通过定义的属性成为图形中的一部分。

属性可快速用于可变的文字对象的位置、内容、默认值等，如标题栏中的文字可定制成属性，以便填写或修改。

单击"默认"标签→"块"面板→"定义属性"按钮或者选择"绘图"→"块"→"定义属性"菜单命令，弹出"属性定义"对话框，在对话框中的"标记"和"提示"文本框中输入相关的内容，在"文字设置"选项组的"对正"下拉列表框中选择文字的对正方式为"左对齐"，在"文字样式"下拉列表框中选择"样式 1"，单击"确定"按钮。在绘图区域中单击，确定"TTC"字样的位置，如图 4-2 中①～⑨所示，完成属性定义。

图 4-2　属性定义

4.1.3　定义块

写块（WBLOCK）是将对象以文件的形式存储在磁盘中，以达到共享块的目的。写块时一定要注意块的名称、保存的路径和插入单位。

在命令行输入"w"并按〈Enter〉键，弹出"写块"对话框，单击"拾取点"按钮，在绘图区单击所绘的表面粗糙度符号的最下端，再单击"选择对象"按钮，在绘图区框选择所绘的表面粗糙度符号，按〈Enter〉键。在"文件名和路径"文本框中输入文件名并选择块保存的路径，单击"确定"按钮，如图 4-3 中①～⑥所示。

图 4-3　"写块"对话框

4.1.4 插入块

单击"默认"标签→"块"面板→"插入"按钮,系统弹出"插入"对话框。浏览到刚定义的图块,在"插入点"选项组中勾选"在屏幕上指定"复选框,在"比例"选项组中勾选"在屏幕上指定"复选框,在"旋转"选项组中勾选"在屏幕上指定"复选框,单击"确定"按钮,如图 4-4 中①~⑥所示。系统提示为:

命令: _insert
指定插入点或 [基点(B)/比例(S)/X/Y/Z/旋转(R)]:在绘图区适当地方单击确定要插入的点
输入 X 比例因子,指定对角点,或 [角点(C)/XYZ(XYZ)] <1>:✓ (视情况输入比例因子)
输入 Y 比例因子或 <使用 X 比例因子>:✓ (视情况输入比例因子)
指定旋转角度 <0.0>:✓ (视情况输入旋转角度)

输入属性值,如图 4-4 中⑦所示,单击"确定"按钮,结果如图 4-4 中⑨所示。

注意

若 x, y 方向为负的缩放因子,则插入的块将做镜像变换。

图 4-4　插入图块

4.1.5 编辑块属性

对于已经被创建为块的对象,可以用 eattedit 命令来编辑属性值及其他特性。

选择"修改"→"对象"→"属性"→"单个"菜单命令,或者单击"插入"面板→"编辑属性"→"单个"按钮,如图 4-5 中①②所示。系统要求选择块,选择块后系统弹出"增强属性编辑器"对话框。它有 3 个选项卡:单击"属性"标签,如图 4-5 中③所示,可以对属性值进行修改,如图 4-5 中④所示。单击"文字选项"标签,如图 4-5 中⑤所示,可以对文字的一些特性,如字高等进行修改,如图 4-5 中⑥⑦所示。单击"特性"标签,如图 4-5 中⑧所示,可以对文字的图层颜色等进行修改,如图 4-5 中⑨所示。最后单击"确定"按钮,结束修改。

图 4-5　编辑块属性

4.2　参数化的动态块

上述的块只能整体同步缩放，无法满足具有同样外形但具体规格不同的图形，动态块则很好地解决了这一问题。例如，如果在图形中插入一个螺栓的块参照，则在编辑图形时可能需要更改螺栓的大小。如果该块是动态的，并且定义为大小可调整的，那么只需拖动自定义夹点或在"特性"选项板中指定不同的大小就可以修改螺栓的长度，修改螺栓头部的厚度。如果动态块包含对齐夹点，使用对齐夹点可以轻松地将该动态块参照与图形中的其他几何图形对齐。

自定义夹点的意义如表 4-1 所示。

表 4-1　自定义夹点的意义

夹点类型	图形符号	夹点在图形中的操作方式	关联参数
标准	⬛	平面内的任意方向	基点、点、极轴和XY
线性	▷	按规定方向或沿某一条轴往返移动	线性
旋转	⬤	围绕某一条轴	旋转
翻转	⬌	单击以翻转动态块参照	翻转
对齐	▷	平面内的任意方向；如果在某个对象上移动，则使块参照与该对象对齐	对齐
查寻	▽	单击以显示项目列表	可见性、查寻

调用系统的现有动态块并使用的操作过程如下。

（1）单击"视图"标签→"选项板"面板→"工具选项板"按钮，或者单击"标准"工具栏上的"工具选项窗口"按钮，或者选择"工具"→"选项板"→"工具选项板"菜单命令，或者按快捷键〈Ctrl+3〉，弹出"选项板"对话框，先单击其中的"机械"标签，然后选择"六角螺母 - 公制"，如图4-6中①②所示。

图4-6 "选项板"对话框

（2）在绘图区单击插入动态块，如图4-7中①所示。

（3）在插入的动态块上单击，显示出夹点，如图4-7中②所示。

（4）单击"查寻"夹点▽，弹出螺母规格，如图4-7中③所示。根据需要选择一种，按〈Esc〉键后可以看到图形大小也随之变化。

图4-7 调用动态块并使用的过程

创建动态块的过程如下。

（1）在创建动态块之前规划动态块的内容。

在创建动态块之前，应当了解其外观以及在图形中的使用方式。这样可确定当操作动态块参照时块中的哪些对象会更改或移动。另外，还要确定这些对象将如何更改。

（2）在块编辑器中绘制几何图形。

可以在绘图区域或块编辑器中绘制动态块中的几何图形，也可以使用图形中的现有几何图形或现有的块定义。在块编辑器中绘制几何图形的方法和一般的 AutoCAD 画图方法一样。

（3）添加几何约束和尺寸约束。

了解块元素如何共同作用，在向块定义中添加参数之前，应了解它们相互之间以及它们与块中的几何图形的相关性。

（4）添加参数。

（5）保存块并在图形中进行测试。

保存动态块定义并退出块编辑器，然后将动态块参照插入到一个图形中，并测试该块的功能。

【例 4-1】 创建参数化动态块。

（1）单击"默认"标签→"块"面板→"块编辑器"按钮 编辑，如图 4-8 中①～③所示。弹出"编辑块定义"对话框，输入块名"a"，单击"确定"按钮，如图 4-8 中④⑤所示。

图 4-8 打开"块编辑器"

（2）单击"默认"标签→"绘图"面板→"矩形"按钮 ，绘制矩形，如图 4-9 中①所示。单击"默认"标签→"绘图"面板→"直线"按钮 ，绘制两条通过矩形边中点的直线，如图 4-9 中②所示。单击"常用"标签→"绘图"面板→"圆"按钮 ，在矩形的正中间绘制一个圆，如图 4-9 中③所示。

（3）单击"默认"标签→"修改"面板→"分解"按钮 ，选择矩形分解之。

图 4-9 绘制图形

（4）单击"块编辑器"标签→"管理"面板→"构造几何图形"按钮 构造，如图 4-10 中①～③所示。系统提示为：

```
命令: _bconstruction
选择对象或 [全部显示(S)/全部隐藏(H)]:选择水平线和垂直线，如图 4-10 中④⑤所示
选择对象或 [全部显示(S)/全部隐藏(H)]:↙
输入选项 [转换(C)/恢复(R)] <转换>:c↙ （选择转换选项）
2 个对象已转换为构造几何图形
选择参数:按〈Esc〉键退出命令
```

所选的对象转换为构造几何图形，它只在块编辑器中以灰色虚线线型显示（如图 4-10 中⑥所示），不会在绘图窗口中显示，且无法修改构造几何图形的颜色、线型和图层。

图 4-10　转换对象为构造几何图形

（5）单击"块编辑器"标签→"几何"面板→"自动约束"按钮，如图 4-11 中①～③所示。系统提示为：

```
命令: _AutoConstrain
选择对象或 [设置(S)]:all↙ （选择所有对象）
找到 7 个
选择对象或 [设置(S)]:↙
已将 15 个约束应用于 7 个对象
```

结果如图 4-11 中④所示，添加了水平约束、重合约束、平行约束和垂直约束。

图 4-11　自动约束

（6）添加"对称"约束。单击"块编辑器"标签→"几何"面板→"对称"约束按钮
，如图4-12中①～③所示。系统提示为：

命令：_GcSymmetric
选择第一个对象或 [两点(2P)]〈两点〉：选择最左边的垂直线，如图4-12中④所示
选择第二个对象：选择垂直线，如图4-12中⑤所示
选择对称直线：选择垂直线，如图4-12中⑥所示
命令：✓
选择第一个对象或 [两点(2P)]〈两点〉：选择最上边的水平线，如图4-12中⑦所示
选择第二个对象：选择最下边的水平线，如图4-12中⑧所示
选择对称直线：选择水平线，如图4-12中⑨所示

图4-12 对称约束

（7）单击"块编辑器"标签→"标注"面板→"直径"约束按钮 、"水平"约束按钮
、"竖直"约束按钮 ，标注尺寸，如图4-13所示。

图4-13 标注尺寸

（8）单击"块编辑器"标签→"管理"面板→"参数管理器"按钮 f_x，如图 4-14 中
①～③所示。弹出"参数管理器"面板，双击 d1 的表达式，将其修改为"4*直径 1"，如图
4-14 中④所示。双击 d2 的表达式，将其修改为"d1/2"，如图 4-14 中⑤所示。单击左边的

"关闭"按钮 ✖，如图 4-14 中⑥所示。结果如图 4-14 中⑦所示。

图 4-14　自动约束

（9）双击图形中的"直径 1"，将其修改为"1.2"，如图 4-15 中①所示。结果如图 4-15 中②所示，即尺寸约束改变，整个图形的大小也随之改变了。单击"块编辑器"标签→"关闭"面板→"关闭块编辑器"按钮 ✖，如图 4-15 中③～⑤所示。

图 4-15　修改尺寸值

（10）系统弹出"块定义 - 未完全约束"对话框，选择"保存修改并退出块编辑器（S）"，如图 4-16 所示。

（11）要实现"完全约束"，至少需要一个"固定约束"。单击"默认"标签→"块"面板→"块编辑器"按钮 ⌐З 编辑，弹出"编辑块定义"对话框，选择块名"a"，单击"确定"按钮，如图 4-17 中①②所示。

图 4-16　保存"块定义"

图 4-17　"编辑块定义"对话框

（12）单击"块编辑器"标签→"几何"面板→"固定约束"按钮 ，如图 4-18 中①～③所示。系统提示为：

> 命令：_GcFix
> 选择点或［对象(O)］<对象>：选择矩形最下面的水平线，如图 4-18 中④所示

单击"块编辑器"标签→"管理"面板→"约束状态"按钮，如图 4-18 中⑤⑥所示。可以看到圆的四边呈现出"洋红"色，说明圆已被"完全约束"。再次单击"约束状态"按钮，退出检查状态。

图 4-18　添加固定约束

（13）单击"块编辑器"标签→"打开/保存"面板→"测试块"按钮🔍，如图 4-19 中①~③所示。框选图形后出现夹点，拖动这些夹点，如图 4-19 中④所示。或者在"块参照"对话框中输入数字并观察图形的变化，单击左边的"关闭"按钮✖，如图 4-19 中⑤⑥所示。单击屏幕右上角的"关闭测试块窗口"按钮，如图 4-19 中⑦所示。单击屏幕左上方"保存块"按钮🔍，如图 4-19 中⑧所示。单击"关闭"面板上的"关闭块编辑器"按钮✖，如图 4-19 中⑨所示。

图 4-19　测试块

（14）单击"默认"标签→"块"面板→"插入"按钮🔍，如图 4-20 中①所示。系统弹出"插入"对话框，在"名称"文本框中输入块名"a"，如图 4-20 中②所示。单击"确定"按钮。

图 4-20　插入块

（15）双击块参照图形（或用 Bedit 命令），打开"编辑块定义"对话框，选择"a"，单击"确定"按钮，如图 4-21 中①②所示。激活"块编辑器"选项卡，进入块编辑状态，可见直径尺寸约束上两个可按规定方向移动的线性夹点▶，如图 4-21 中③④所示。单击选中直径尺寸约束，从"直径约束参数"中选择"夹点数"→"1"，如图 4-21 中⑤⑥所示。单击"关闭"按钮✖，按〈Esc〉键，可见直径尺寸约束上只有一个可按规定方向移动的线性夹点▶了，如图 4-21 中⑦⑧所示。

图 4-21　查看不同的夹点数对图形的影响

（16）单击"标注"面板→"块表"按钮▦，系统提示为：

命令：_btable
指定参数位置或［选项板(P)］：在屏幕中适当的位置单击取点
输入夹点数［0/1］〈1〉：✓

（17）在此会打开"块特性表"对话框，单击按钮🔧，如图 4-22 中①所示。在"添加参数特性"对话框中按住〈Ctrl〉键选择全部参数，如图 4-22 中②～④所示。单击"确定"按钮，如图 4-22 中⑤所示，退出"添加参数特性"对话框。可以看到，"块特性表"对话框中已添加了参数，如图 4-22 中⑥所示。

图 4-22　添加参数特性

（18）单击"直径 1"下方的单元格，输入"0.9"后向下移动鼠标到下一行，输入"1"，依次向"块特性表"对话框中输入一些数据，如图 4-23 中①所示。表中只有"直径1"列的数字是黑色的，"d1"和"d2"列是灰色的，即是自动根据"直径 1"计算出来的。

在"块特性表"对话框中，单击按钮 ![], 如图 4-23 中②所示。打开"新参数"对话框，如图 4-23 中③所示。在"名称"文本框中输入"s"，在"类型"下拉列表框中选择"字符串"，如图 4-23 中④～⑥所示。单击"确定"按钮，退出"新参数"对话框。

图 4-23　在"块特性表"对话框中输入数据

（19）"s"列已添加到了"块特性表"对话框中，如图 4-24 中①所示。在"s"列中输入相应的字符串，如图 4-24 中②所示。

图 4-24　在"s"列中输入字符串

（20）用拖动的方法将"s"列拖动到第一列，如图4-25所示。

图4-25 将"S"列拖动到第一列

（21）如果要输入较多的文字，还可以先在 Excel 中输入相应的内容并选中，如图 4-26 中①所示。右击，从弹出的快捷菜中选择"复制"命令，如图 4-26 中②所示。在"块特性表"对话框中选择"s"列和"直径 1"列，如图 4-26 中③所示，右击，从弹出的快捷菜中选择"粘贴"命令，如图 4-26 中④所示。

图4-26 用右键快捷菜单向块特性表粘贴文字

（22）文字被粘贴到块特性表中，单击"确定"按钮，如图 4-27 中①所示。退出"块特性表"对话框，这时结果如图 4-27 中②所示。单击"块编辑器"选项卡中最右侧的按钮 ✕，如图 4-27 中③所示。

图 4-27 "块特性表"对话框

（23）在弹出的"块–是否保存参数更改？"对话框中，选择"保存更改"，如图 4-28 所示，退出块编辑器。

图 4-28 块保存参数更改对话框

（24）单击块参照图形，出现新增加的一个自定义夹点▽，如图 4-29 中①所示。单击夹点▽，弹出下拉列表，如图 4-29 中②所示。通过"s"下拉列表，可以方便地改变图形参数为事先设定好的参数，也可以通过拖动其他自定义夹点来自由改变图形。

图 4-29 "s"下拉列表

4.3 外部参照

用图块将其他图形插入当前图样中时，被插入的图形就成了当前图样的一部分。如果不想这样，而只想将图块作为当前图样的一个样例或者想观察一下正在绘制的图形与其他图形是否匹配，可用外部参照将其他图形放置到当前图形中。

外部参照可以用来在自己的图形中以引用的方式查看其他图样，被参照的图并不成为当前图样的一部分，当前图样中仅记录了外部参照的位置和名称。使用外部参照可以生成图形而不会显著增加图形文件的大小。

通过外部参照，参照图形中所做的修改将反映在当前图形中。

1. 引入外部参照

可用下列方式之一引入外部参照。

- 功能区：单击"插入"标签→"参照"面板，如图4-30所示。
- 菜单：选择"插入"→"DWG参照"菜单命令。
- 命令栏：xattach或者XA。

图4-30　访问外部参照

（1）先绘制两个被引入外部参照的图形。

1）新建一个文件。系统提示为：

命令:line↙
指定第一点:在绘图区任意位置单击
指定下一点或 [放弃(U)]:30↙（按〈F8〉键，鼠标向左移，输入线段的长度"30"，按〈Enter〉键）
指定下一点或 [放弃(U)]:90↙（鼠标向下移，输入线段的长度"90"，按〈Enter〉键）
指定下一点或 [闭合(C)/放弃(U)]:30↙（鼠标向右移，输入线段的长度"30"，按〈Enter〉键）
指定下一点或 [闭合(C)/放弃(U)]:30↙（鼠标向上移，输入线段的长度"30"，按〈Enter〉键）
指定下一点或 [闭合(C)/放弃(U)]:20↙（鼠标向左移，输入线段的长度"20"，按〈Enter〉键）
指定下一点或 [闭合(C)/放弃(U)]:30↙（鼠标向上移，输入线段的长度"30"，按〈Enter〉键）
指定下一点或 [闭合(C)/放弃(U)]:20↙（鼠标向右移，输入线段的长度"20"，按〈Enter〉键）
指定下一点或 [闭合(C)/放弃(U)]:c↙（封闭图形，如图4-31所示）

2）选择"文件"→"另存为"菜单命令，选择路径，将图形保存为"1.dwg"，选择"文件"→"关闭"菜单命令。

3）再新建一个文件。系统提示为：

命令:line↙
指定第一点:在屏幕上任意位置单击

指定下一点或 [放弃(U)]:15↙（按〈F8〉键，鼠标向右移，输入线段的长度"15"，按〈Enter〉键）
指定下一点或 [放弃(U)]:45↙（鼠标向上移，输入线段的长度"15"，按〈Enter〉键）
指定下一点或 [闭合(C)/放弃(U)]:15↙（鼠标向左移，输入线段的长度"15"，按〈Enter〉键）
指定下一点或 [闭合(C)/放弃(U)]:15↙（鼠标向下移，输入线段的长度"15"，按〈Enter〉键）
指定下一点或 [闭合(C)/放弃(U)]:10↙（鼠标向左移，输入线段的长度"10"，按〈Enter〉键）
指定下一点或 [闭合(C)/放弃(U)]:15↙（鼠标向下移，输入线段的长度"15"，按〈Enter〉键）
指定下一点或 [闭合(C)/放弃(U)]:10↙（鼠标向右移，输入线段的长度"10"，按〈Enter〉键）
指定下一点或 [闭合(C)/放弃(U)]:c↙（封闭图形，如图4-32所示）

4）选择"文件"→"另存为"菜单命令，选择路径，将图形保存为"2.dwg"，选择"文件"→"关闭"菜单命令。

图4-31 绘制"凹字"形图形

图4-32 绘制"凸字"形图形

（2）引入外部参照。

1）新建一个文件，在命令行输入命令"XA"后按〈Enter〉键，系统弹出"选择参照文件"对话框，选择"1.dwg"，单击"打开"按钮，如图4-33所示。

图4-33 "选择参照文件"对话框

2）系统弹出"附着外部参照"对话框，勾选所有的选项，如图4-34中①～④所示。单击"确定"按钮。

图 4-34 "附着外部参照"对话框

说明： 当图形文件 A 嵌套了其他的外部参照时，如果在引用图形文件 A 时选择"附着型"，则不仅能看到 A，还能看到 A 中嵌套的外部参照，但不能循环嵌套，即如果 A 引用了 B，而 B 又引用 C，则 C 不能引用 A；如果在引用图形文件 A 时选择"覆盖型"，与附着型的外部参照不同的是这时可以循环嵌套，无需为图形之间的嵌套而担忧，但只能看到图形 A 本身，不能看到 A 中嵌套的外部参照。

3）系统提示为：

命令:xa
XATTACH
覆盖 外部参照 "1": C:\桌面\1.dwg
 "1" 已加载。
指定插入点或 [比例(S)/X/Y/Z/旋转(R)/预览比例(PS)/PX/PY/PZ/预览旋转(PR)]:用鼠标在屏幕中指定插入点，如图 4-35 所示
输入 X 比例因子，指定对角点或 [角点(C)/XYZ(XYZ)] <1>:↙
输入 Y 比例因子 <使用 X 比例因子>:↙
指定旋转角度 <0.0>:↙

图 4-35 引入外部参照 1

4）用同样的方法引入外部参照"2.dwg"，如图 4-36 所示。

图 4-36　引入外部参照 2

（3）放大引入的"凸字"图形。系统提示为：

> 命令:scale↙
> 选择对象:选择"凸字"图形
> 选择对象: ↙
> 指定基点:在"凸字"图形上任意指定一点
> 指定比例因子或 [复制(C)/参照(R)] <1.0>:2↙

结果如图 4-37 所示。

图 4-37　缩放图形

（4）移动引入的"凸字"图形。系统提示为：

> 命令:m↙
> MOVE
> 选择对象:选择"凸字"图形，如图 4-38 中虚线所示
> 选择对象: ↙
> 指定基点或 [位移(D)] <位移>:单击图 4-38 中①所示的点
> 指定第二个点或<使用第一个点作为位移>:单击图 4-38 中②所示的点

结果如图 4-38 中③所示。

图 4-38　移动图形

2. 更新外部参照

当修改了被引用的图形后，系统不会自动更新，必须通过重新加载才能更新。

（1）打开"1.dwg"文件，在命令行输入拉伸命令"stretch"，选择图 4-39 中虚线所示的线段，指定图 4-39 中②所示的点，向右拉伸，结果如图 4-39 中③所示。保存修改后的"1.dwg"文件并关闭。

图 4-39　拉伸图形

（2）在命令行输入命令"XR"后按〈Enter〉键，系统弹出"外部参照"面板。在该面板中选择"1"，如图 4-40 中①所示，右击，在弹出的快捷菜单中选择"重载"命令，如图 4-40 中②所示，结果如图 4-40 中③所示。

图 4-40　重载外部参照

136

3. 绑定外部参照

外部参照定义中除了包含图像对象以外，还包括图形的命名对象，如块、标注样式、图层、线型和文字样式等。为了区别外部参照与当前图形中的命令对象，系统将外部参照的名称作为其命名对象的前缀，并用符号"|"来分隔。例如，把"1.DWG"作为一个外部参照插入到当前图形中，在源文件"1.DWG"中的"标注"图层，在当前图形显示为"1 | 标注"图层。

在当前图形中不能直接引用外部参照中的命名对象，但可以控制外部参照图层的可见性、颜色和线型。

由于被引用的外部参照本身并不是当前图形的内容，因此要通过绑定才能将其转化为当前图形，此外，也能把引用的图层和文字样式等转化为当前图形的一部分。通过这种方法，可以使所有图纸的图层和文字样式等命名项目一致。

在"外部参照"面板中选择"2"，如图 4-41 中①所示，右击，在弹出的快捷菜单中选择"绑定"命令，如图 4-41 中②所示。

图 4-41 选择要绑定的文件

系统弹出"绑定外部参照"对话框，选择"绑定"单选按钮，如图 4-42 中①所示，单击"确定"按钮。

结果"2"从"外部参照"面板中消失了，被"绑定"的图形从灰色变成了黑色，如图 4-43 所示。

图 4-43 绑定外部参照后的效果

图 4-42 "绑定外部参照"对话框

在命令行输入命令"Layer"后按〈Enter〉键打开图层，如图 4-44 所示，可以看到引用图形的所有命名项目的名称由"2|命名项目"变为"2 $ N $ 命名项目"。其中字母 N 是系统自动增加的整数，以免与当前图形中的项目名称重复。

图 4-44 选择"绑定"后的图层

说明：如果在图 4-42 中所示的"绑定外部参照"对话框中，选择"插入"单选按钮，相当于先删除引用文件，然后以块的形式插入外部文件。当合并外部图形后，命名项目的名称前不加任何前缀，如"2"中有"标注"图层，用"插入"选项转化为外部图形时，若当前层中无"标注"图层，那么就创建"标注"图层，否则继续使用原来的"标注"图层，如图 4-45所示。

图 4-45　选择"插入"后的图层

可以通过外部参照连接一系列的库文件，如果想要使用库文件中的内容，可用 XBIND命令将库文件中的有关项目，如标题栏和图块等，转化为当前图形的一部分。

在命令行输入命令"XBIND"后按〈Enter〉键，系统弹出"外部参照绑定"对话框，在对话框左边的列表框中选择要添加到当前图形中的项目，如图 4-46 中①所示。单击"添加"按钮，如图 4-46 中②所示。把命名项加入"绑定定义"列表框中，如图 4-46 中③所示。单击"确定"按钮。

图 4-46　"外部参照绑定"对话框

4.4 习题

1. 将图 4-47 所示的图形分别定义为图块并插入任意图形中。

图 4-47 定义图块

2. 用动态块的约束功能绘制图 4-48 所示的图形，要求拖动相关的夹点，图形能发生相应的变化。

图 4-48 动态块

3. 如图 4-49 中①②所示，利用"外部参照"功能将其中的一个图形放大一倍，如图 4-49 中③所示，并移动使两个图形配合，如图 4-49 中④所示。

图 4-49 外部参照

第5章 文字、查询和表格

本章主要介绍文字样式、单行文字、多行文字、编辑文字、查找和替换等内容，以及满足国家标准的工程图文字的输入和修改方法。最后介绍了查询和表格的使用方法。

5.1 文字

文字在工程图纸中用于说明、列表、标题等项目，是工程图纸必不可少的内容。AutoCAD 中有两类文字：一类是单行文字，它并不是只能创建一行文字，它也可以创建多行文字，只是系统将每行文字看作是单独的对象，它常用于较简短的文字项目，如标题栏信息和尺寸说明等；另一类是多行文字，常用于带有段落格式的信息，如工艺流程和技术条件等。与单行文字不同的是，多行文字整体是一个文字对象，每一单行不再是单独的文字对象，也不能单独编辑。

文字外观由与它关联的文字样式决定，默认状态下，Standard 文字样式是当前样式，也可以根据需要创建新的文字样式。输入文字后可以修改，包括修改文字的内容、大小、样式。任何工程图纸中的文字都需要满足国家标准的规定。

带有"T"标志的是 Windows 系统提供的"TrueType"字体，其他字体是 AutoCAD 本身的字体（*.shx）。当字体样式采用 TrueTyPe 字体时，可以通过系统变量 TEXTFILL 和 TEXTQLTY 确定所标注的文字是否填充以及文字的光滑程度。当系统变量 TEXTFILL 为默认值时不填充，为 1 时则进行填充。系统变量 TEXTQLTY 的取值范围是 0~100，默认值为50。TEXTQLTY 的值越大，文字越光滑，但图形输出时的时间越长。

注意

AutoCAD 2016 不再安装 VBA，所以若原始文件是 Windows 系统提供的"TrueType"字体，会弹出图 5-1 所示的对话框，单击"关闭"按钮后，文字在屏幕上未能正确地显示出来，而是出现了许多问号，这种情况大多是由于文字样式所连接的字体不合适。

图 5-1 "VBA-未安装"对话框

选择"工具"→"工具栏"→"AutoCAD"→"文字"菜单命令，如图 5-2 中①~④所示，可以调出"文字"工具栏，如图 5-1 中⑤所示。

图 5-2　调出文字工具栏

"文字"工具栏包括输入多行文字 A、单行文字 AI、编辑文字 A、查找和替换 🔍、拼写检查 ⁿᵇᶜ、文字样式 A、缩放文字 🖩、对正文字 Ⓐ 和在空间之间转换距离 🖳 命令。

《技术制图》对文字有如下基本要求：

（1）书写的汉字、数字、字母必须字体端正、笔画清楚、间隔均匀、排列整齐。

（2）字体的号数，即字体的高度（用 h 表示），其公称尺寸系列为 1.8mm，2.5mm，3.5mm，5mm，7mm，10mm，14mm，20mm。

（3）在同一图样上，只能选用一种字体。

（4）可写成斜体和直体，斜体字字头向右倾斜，与水平基准线成 75°。

（5）用作指数、分数、极限偏差、注脚等的数字及字母，一般采用小一号字体。

字的大小和图幅相关，相关规定如表 5-1 所示。

表 5-1　字的大小与图幅的关系

	A0	A1	A2	A3	A4
汉字、字母与数字	5			3.5	
h=汉字、字母与数字的高度					

5.1.1　文字样式

在 AutoCAD 中输入的文字，总具有一定的风格、高度、宽度、倾斜角度，这称为文字样式。可以修改文字样式，或者建立新样式。

可采用以下几种方法之一来激活文字样式。

● 🔲功能区：单击"默认"标签→"注释"面板→"文字样式"按钮 A。
● 🔲菜单栏：选择"格式(O)"→"文字样式(S)"菜单命令。
● 🔲工具栏：单击"文字"工具栏上的"文字样式"按钮 A。
● 🔲命令栏：style。

单击"默认"标签→"注释"面板→"文字样式"按钮 A，系统弹出"文字样式"对话框。默认情况下，文字样式名为 Standard，字体为宋体，高度为 0，宽度比例为 1。

下面介绍"文字样式"对话框中的常用项。

（1）"字体"选项组决定了文字最终显示的形式，可以通过"字体名"下拉列表框选择字体文件，如图 5-3 中①所示。

（2）通过"字体样式"下拉列表框确定字体的格式（如斜体、粗体等），如图 5-3 中②所示。

图 5-3　选择字体

（3）"高度"文本框确定文字的高度，这里保持为 0，如图 5-4 中①所示。

图 5-4　设置字体宽度因子和倾斜角度

注意

若将"高度"设置为 0，输入文字时将提示指定文字高度。

（4）"效果"选项组中的"宽度因子"文本框用于设置文字的宽度，默认值为 1，若输入小于 1 的数值，文字将变窄，否则，文字变宽，如图 5-4 中②～④所示。

（5）"倾斜角度"文本框用于确定文字的倾斜角度，角度值为正时，向右倾斜，如图 5-4 中⑤所示；角度值为负时，向左倾斜，如图 5-4 中⑥所示。

（6）选中"颠倒"复选框，文字上下颠倒显示，如图 5-5 中①所示。仅影响单行文字。

（7）选中"反向"复选框，文字首尾反向显示，如图 5-5 中②所示。仅影响单行文字。

（8）选中"垂直"复选框，文字将沿竖直方向排列。单击"取消"按钮返回绘图界面。

图 5-5　文字样式中的效果选项

ⓘ 注意

设置颠倒、反向、垂直效果可应用于已输入的文字，而高度、宽度比例和倾斜度效果只能应用于新输入的文字。

5.1.2　单行文字

单行文字命令用于创建一行或者多行文字，每行文字作为一个独立的图形对象参与图形编辑，如移动、旋转、调整格式等。可采用以下几种方法之一来激活单行文字命令。

● 功能区：单击"默认"标签→"注释"面板→"单行文字"按钮 AI 。

● 菜单栏：选择"绘图(D)"→"文字(X)"→"单行文字(S)"菜单命令。

● 工具栏：单击"文字"工具栏上的"单行文字"按钮 AI 。

● 命令栏：text。

单击"默认"标签→"注释"面板→"单行文字"按钮 AI ，系统提示为：

命令:_text
　　当前文字样式："Standard" 文字高度: 2.5000 注释性: 否（系统显示当前多行文字系统的设置为标准设置，字高为2.5）
　　　指定文字的起点或 [对正(J)/样式(S)]:在图形编辑窗口中单击确定文字起点
　　　指定高度 <2.5000>:200✓（输入新的文字高度为"200"后按〈Enter〉键）
　　　指定文字的旋转角度 <0>:30✓（输入的整个文字行将倾斜度 30°，而前述的"倾斜角度"是指字符本身的倾斜度）

输入文字：输入"江江"，按〈Enter〉键进入下一行，再按一次〈Enter〉键或〈Esc〉键结束文字操作命令，如图 5-6 所示

若在上述命令提示中选择"对正(J)"命令，可以使输入的文字以某种方式排列对齐。执行该命令，进入下一级选项组：

输入选项[对齐(A)/布满(F)/居中(C)/中间(M)/右对齐(R)/左上(TL)/中上(TC)/右上(TR)/左中(ML)/正中(MC)/右中(MR)/左下(BL)/中下(BC)/右下(BR)]:

图 5-6　输入单行文字

对正(J)各选项的含义如表 5-2 所示。

表 5-2　对正(J)各选项的含义

选项	含义	图　例	选项	含义	图　例
对齐	通过指定基线端点来指定文字的高度和方向。字符的大小根据其高度按比例调整。文字字符串越长，字符越矮		布满	指定文字按照由两点定义的方向和一个高度值布满一个区域。只适用于水平方向的文字。高度以图形单位表格式，是大写字母从基线开始的延伸距离。指定的文字高度是文字起点到用户指定的点之间的距离。文字字符串越长，字符越窄。字符高度保持不变	
居中	从基线的水平中心对齐文字，此基线是由用户给出的点指定的。旋转角度是指基线以中点为圆心旋转的角度，它决定了文字基线的方向。可通过指定点来决定该角度。文字基线的绘制方向为从起点到指定点。如果指定的点在圆心的左边，将绘制出倒置的文字		中间	文字在基线的水平中点和指定高度的垂直中点上对齐。中间对齐的文字不保持在基线上。"中间"选项与"正中"选项不同，"中间"选项使用的中点是所有文字包括下行文字在内的中点，而"正中"选项使用大写字母高度的中点	
右对齐	在由用户给出的点指定的基线上右对正文字		左上	在指定为文字顶点的点上左对正文字。只适用于水平方向的文字	
中上	以指定为文字顶点的点居中对正文字。只适用于水平方向的文字		右上	以指定为文字顶点的点右对正文字。只适用于水平方向的文字	
左中	在指定为文字中间点的点上靠左对正文字。只适用于水平方向的文字		正中	在文字的中央水平和垂直居中对正文字。只适用于水平方向的文字。"正中"选项与"中间"选项不同，"正中"选项使用大写字母高度的中点，而"中间"选项使用的中点是所有文字包括下行文字在内的中点	
右中	以指定为文字的中间点的点右对正文字。只适用于水平方向的文字		左下	以指定为基线的点左对正文字。只适用于水平方向的文字	
中下	以指定为基线的点居中对正文字。只适用于水平方向的文字		右下	以指定为基线的点靠右对正文字。只适用于水平方向的文字	

单击"默认"标签→"注释"面板→"单行文字"按钮，系统提示为：

命令: _text
当前文字样式："Standard"　文字高度：200.0000　注释性：否
指定文字的起点或 [对正(J)/样式(S)]:J↙（执行"对正"选项）
输入选项 [对齐(A)/布满(F)/居中(C)/中间(M)/右对齐(R)/左上(TL)/中上(TC)/右上(TR)/左中(ML)/正中

(MC)/右中(MR)/左下(BL)/中下(BC)/右下(BR):A↙（执行"对齐"选项）

　　指定文字基线的第一个端点:在屏幕上单击确认文字起点，如图5-7中①所示

　　指定文字基线的第二个端点:在屏幕上单击确认文字终点，如图5-7中②所示

　　输入文字:输入"江江"，按〈Enter〉键进入下一行，按〈Esc〉键结束操作，如图5-7中③所示

图5-7 "对齐"选项的效果

　　单击"默认"标签→"注释"面板→"单行文字"按钮AI，系统提示为：

命令:_text

当前文字样式: "Standard"　文字高度: 200.0000　注释性: 否

指定文字的起点或 [对正(J)/样式(S)]:J↙（执行"对正"选项）

输入选项 [对齐(A)/布满(F)/居中(C)/中间(M)/右对齐(R)/左上(TL)/中上(TC)/右上(TR)/左中(ML)/正中(MC)/右中(MR)/左下(BL)/中下(BC)/右下(BR)]:F↙（执行"布满"选项）

　　指定文字基线的第一个端点:在屏幕上单击确认文字起点，如图5-8中①所示

　　指定文字基线的第二个端点:在屏幕上单击确认文字终点，如图5-8中②所示

　　指定高度 <200.0000>:↙（按〈Enter〉键确认默认值200）

　　输入文字:输入"江"，如图5-8中③所示; 输入"江苏"，如图5-4中④所示，按〈Enter〉键进入下一行，按〈Esc〉键结束操作

图5-8 "布满"选项的效果

　　文字输入过程中的其他技巧如下。

　　（1）在一个单行文字命令下，可书写若干行单行文字。每输入一行文字后，按〈Enter〉键，文字输入点自动换行，即可输入第二行文字。

　　（2）如果在输入文字的过程中，移到光标到新位置后按单击，原文字行结束，可以在新的位置输入文字。

　　（3）要改正刚才输入的字符，只要按一次〈Backspace〉键，即退格键，就能把该字符删除，然后输入新的字符。

　　工程图中常会用到许多不能从键盘直接输入的特殊符号，如直径符号Φ、角度符号º（度）等。此时可输入特殊的代码来产生特殊符号，即从键盘上输入相应的代号，如表 5-3所示。

表 5-3　工程符号的代号

代　码	字　符	示　例
%%O	打开或关闭文字上画线	%%O 江苏=江苏
%%U	打开或关闭文字下画线	%%U 江苏=江苏
%%D	角度符号，°	80%%D =80°
%%P	正负符号，即±	%%P80＝±80
%%C	直径符号，即Φ	%%C 80=∅80

%%O 和%%U 分别是上画线与下画线的开关，即当第一次出现这个符号时，表示打开上画线或下画线，而当第二次出现该符号时，表示关掉上画线或下画线。

在"输入文字"提示下输入控制符时，这些控制符也临时显示在屏幕上，当结束文字输入命令后，控制符从屏幕上消失，换成相应的特殊字符。

镜像文字、属性和属性定义时，它们在镜像图中默认是不反转或倒置的，与镜像前一样，如图 5-9 中②所示。若确实需要反转文字，应将 mirrtext 系统变量设为 1，如图 5-9 中③所示。

命令:mirrtext✓
输入 MIRRTEXT 的新值 <0>:1✓

图 5-9　镜像文字

5.1.3　多行文字

使用多行文字可以创建较为复杂的文字说明，如图样的技术要求等。在 AutoCAD 中，多行文字是通过多行文字编辑器来完成的。多行文字编辑器包括一个"文字格式"工具栏和一个快捷菜单。

多行文字是指文字行或文字段落，它们布满指定的宽度，还可以沿垂直方向无限延伸。可采用以下几种方法之一来激活多行文字命令。

- 功能区：单击"默认"标签→"注释"面板→"多行文字"按钮 A。
- 菜单栏：选择"绘图(D)"→"文字(X)"→"多行文字(M)"菜单命令。
- 工具栏：单击"文字"工具栏上的"多行文字"按钮 A。
- 命令栏：mtext。

单击"默认"标签→"注释"面板→"多行文字"按钮 A，系统提示为：

命令:_mtext
当前文字样式: "Standard"　文字高度: 200　注释性: 否

指定第一角点:屏幕出现带"abc"的文字位置提示，在文字开始点单击，如图5-10中①所示

指定对角点或 [高度(H)/对正(J)/行距(L)/旋转(R)/样式(S)/宽度(W)/栏(C)]:L↙（确定标注文字的行间距）

输入行距类型 [至少(A)/精确(E)] ⟨至少(A)⟩:↙（确认最小文字的行间距）

输入行距比例或行距 ⟨1x⟩:↙（确认行间距为1倍字宽）

指定对角点或 [高度(H)/对正(J)/行距(L)/旋转(R)/样式(S)/宽度(W)/栏(C)]:H↙（修改文字字高）

指定高度 ⟨200⟩:↙（确认默认值）

指定对角点或 [高度(H)/对正(J)/行距(L)/旋转(R)/样式(S)/宽度(W)/栏(C)]:R↙（确定旋转文字的角度）

指定旋转角度 ⟨0⟩:↙（确认不旋转）

指定对角点或 [高度(H)/对正(J)/行距(L)/旋转(R)/样式(S)/宽度(W)/栏(C)]:拖动鼠标到适当位置后单击以确定文字框位置，如图5-10中②所示

图5-10　确定文字框

这时 AutoCAD 将以两个点作为对角点所形成的矩形区域作为文字行的宽度并打开"文字格式"对话框。光标在输入框左侧闪动，文字输入框是透明的，可以观察到文字与其他对象是否重叠。输入文字，当文本达到定义边框的右边界时，系统会自动换行，如图 5-11 中①所示。可按〈Shift+Enter〉键换行（若按〈Enter〉键换行，则表示已输入的文字构成一个段落）。最后按〈Esc〉键结束操作，会弹出对话框询问是否保存文字，单击"是"按钮，如图 5-11 中②所示。将鼠标移动到边界上后按着不放向右方拖拉，自动换行后的文字上移，如图 5-11 中③所示。

图5-11　多行文字编辑器

"对正(J)"决定所标注段落文字的排列形式。各选项表示的排列形式与单行文字命令中的同名排列形式相类似，只不过是相对于整个标注段落而言的。

输入文字时，若未出现"在位文字编辑器"，可在绘图区域中右击，从弹出的快捷菜单

中选择"编辑器设置"→"显示工具栏"命令，如图 5-12 中①②所示。

图 5-12 显示"在位文字编辑器"

"在位文字编辑器"包含"文字格式"工具栏和一个顶部带标尺的边框，如图 5-13 所示。该编辑器是透明的，因此用户在创建文字时可看到文字是否与其他对象重叠。在操作过程中若要关闭透明度，选择"选项"菜单上的"不透明背景"命令即可。也可以将已完成的多行文字对象的背景设置为不透明，并设置其颜色。

图 5-13 在位文字编辑器

⚠ 注意

如果段落文字的位置不太合适，可以单击"默认"标签→"修改"面板→"移动"按钮✛进行适当的调整。

5.1.4 编辑文字

可采用以下几种方法之一来激活编辑文字命令。

- ⊗菜单栏：选择"修改(M)"→"对象(O)"→"文字(T)"→"编辑(E)"菜单命令。
- ⊗工具栏：单击"文字"工具栏上的"编辑文字"按钮 ⊿。
- ▤命令栏：DDEDIT。
- 快捷菜单：选择文字对象，在绘图区域中右击，在弹出的快捷菜单中选择"编辑"命令。
- 定点设备：双击文字对象。

启动编辑命令后，将出现和创建"单行文字"或"多行文字"时一样的情景，可以修改并编辑文字。

Ⓘ **注意**

如果修改文字样式的垂直、宽度比例与倾斜角度，这些修改将影响到图形中已有的用同一种文字样式注写的多行文字，这与单行文字是不同的。因此，对用同一种文字样式注写的多行文字中的某些文字的修改，可以重建一个新的文字样式来实现。

在工程图样中有时需要查找所需的文字并进行更改，比如要更改明细栏中某个零件的名字，如果用手工方式，必须浏览全部的明细栏查找到该零件，然后进行编辑修改；有时在图样中有多段相同的文字要更改，对每段文字逐一修改会非常麻烦。使用查找和替换命令可以在作为图形处理的文字中方便地找到指定的字符并加以替换。

可采用以下几种方法之一来激活查找文字命令。

- ⊗功能区：单击"注释"标签→"文字"面板→"查找文字"按钮 ⊕。
- ⊗菜单栏：选择"编辑(E)"→"查找(F)"菜单命令。
- ⊗工具栏：单击"文字"工具栏上的"查找文字"按钮 ⊕。
- ▤命令栏：find。
- 快捷菜单：终止所有活动命令，在绘图区域右击，在弹出的快捷菜单中选择"查找"命令。

拼写检查命令可以用来检查文字中是否有英文单词拼写错误。可采用以下几种方法之一来激活拼写检查命令。

- ⊗功能区：单击"注释"标签→"文字"面板→"拼写检查"按钮 ✓。
- ⊗菜单栏：选择"工具(T)"→"拼写检查(E)"菜单命令。
- ⊗工具栏：单击"文字"工具栏上的"拼写检查"按钮 ✓。
- ▤命令栏：SPELL。

激活拼写检查命令后系统要求选择要检查的文本对象，选择后将打开"拼写检查"对话框，系统会将它认为的错误单词列出来，并给出与其相近的单词供用户修改时参考和选用。

可以使用"缩放文字"命令根据需要修改文字的字高，以及使用非标准的字高。单击"文字"工具栏上的"缩放文字"按钮 Ⓐ，系统提示为：

```
命令:_scaletext
选择对象:选择要修改的文字
```

选择对象:✓

输入缩放的基点选项

[现有(E)/左对齐(L)/居中(C)/中间(M)/右对齐(R)/左上(TL)/中上(TC)/右上(TR)/左中(ML)/正中(MC)/右中(MR)/左下(BL)/中下(BC)/右下(BR)] <现有>:✓（执行现有选项）

指定新模型高度或 [图纸高度(P)/匹配对象(M)/比例因子(S)] <200>:s✓（执行"比例因子"选项）指定缩放比例或 [参照(R)] <2>:1.5✓（输入比例值）

1 个对象已更改

结果所选的文字放大了 1.5 倍。

5.2 查询

本节叙述查询图形信息的一些命令。先绘制一个图形，在命令行输入"rec"，系统提示为：

命令: rec

RECTANG

指定第一个角点或 [倒角(C)/标高(E)/圆角(F)/厚度(T)/宽度(W)]:100,100✓

指定另一个角点或 [面积(A)/尺寸(D)/旋转(R)]:@30,20✓

命令:z✓（增大或减小当前视口中视图的比例）

ZOOM

指定窗口的角点，输入比例因子 (nX 或 nXP)，或者

[全部(A)/中心(C)/动态(D)/范围(E)/上一个(P)/比例(S)/窗口(W)/对象(O)] <实时>:a✓

命令:✓

命令:_rectang

指定第一个角点或 [倒角(C)/标高(E)/圆角(F)/厚度(T)/宽度(W)]:捕捉图 5-14 中①所示的中点

指定另一个角点或 [面积(A)/尺寸(D)/旋转(R)]:@30,20✓

图 5-14 绘制图形及查询

5.2.1 查询点坐标和距离

查询点坐标的 ID 命令可以测量图形上某点的绝对坐标，对于二维图形，Z 坐标为 0。

ⓘ 注意

ID 命令显示的坐标值与当前坐标系的位置有关，如果用户创建新坐标系，则同一点的坐标值将会发生变化。

选择"工具"→"查询"→"点坐标"菜单命令，系统提示为：

命令：'_id 指定点: 捕捉图 5-14 中②所示的点

| 捕捉 | X = 145.0 | Y = 130.0 | Z = 0.0 |

查询距离的 DIST 命令可以用来测量图形上两点之间的距离，计算出与两点连线相关的一些角度。

⚠ **注意**

选择两点的顺序不同，查询的距离不变，但与此相关的一些角度等会变化。

在命令行输入 DIST，系统提示为：

命令:di✓
指定第一点:捕捉图 5-14 中③所示的点
指定第二个点或 [多个点(M)]:捕捉图 5-14 中④所示的点
距离 = 30.0，XY 平面中的倾角 = 180， 与 XY 平面的夹角 = 0
X 增量 = -30.0， Y 增量 = 0.0， Z 增量 = 0.0

5.2.2 查询面积和周长

用于查询距离的 AREA 命令可以测量图形的指定区域的面积和周长，也可以进行面积的回头运算等。如果指定的区域是非封闭的，系统将假定有一条连线使其封闭，然后计算出封闭区域的面积，但所计算出的周长却是非封闭的实际长度。"增加面积(A)"选项可将新测量的面积加入到总面积中。

⚠ **注意**

可以将复杂的图形建成面域后用"对象(O)"选项查询面积和周长。

在命令行输入"AREA"，系统提示为：

AREA
指定第一个角点或 [对象(O)/增加面积(A)/减少面积(S)] <对象(O)>:捕捉图 5-14 中⑤所示的点
指定第一个角点或 [对象(O)/增加面积(A)/减少面积(S)] <对象(O)>:指定下一个点或 [圆弧(A)/长度(L)/放弃(U)]:捕捉图 5-14 中④所示的点
指定第一个角点或 [对象(O)/增加面积(A)/减少面积(S)] <对象(O)>:指定下一个点或 [圆弧(A)/长度(L)/放弃(U)]:捕捉图 5-14 中③所示的点
指定下一个点或 [圆弧(A)/长度(L)/放弃(U)]:指定下一个点或 [圆弧(A)/长度(L)/放弃(U)/总计(T)] <总计>:✓
面积 = 300.0，周长 = 86.1
命令:
命令:area✓
AREA
指定第一个角点或 [对象(O)/增加面积(A)/减少面积(S)] <对象(O)>:a✓
指定第一个角点或 [对象(O)/减少面积(S)]:捕捉图 5-14 中②所示的点
 ("加"模式)指定下一个点或 [圆弧(A)/长度(L)/放弃(U)]:捕捉图 5-14 中③所示的点
 ("加"模式)指定下一个点或 [圆弧(A)/长度(L)/放弃(U)]:捕捉图 5-14 中④所示的点
 ("加"模式)指定下一个点或 [圆弧(A)/长度(L)/放弃(U)/总计(T)] <总计>:✓
面积 = 300.0，周长 = 86.1
总面积 = 300.0
指定第一个角点或 [对象(O)/减少面积(S)]:捕捉图 5-14 中④所示的点

（"加"模式)指定下一个点或 [圆弧(A)/长度(L)/放弃(U)]:捕捉图 5-14 中⑤所示的点
（"加"模式)指定下一个点或 [圆弧(A)/长度(L)/放弃(U)]:捕捉图 5-14 中②所示的点
（"加"模式)指定下一个点或 [圆弧(A)/长度(L)/放弃(U)/总计(T)] <总计>:✓
面积 ＝300.0，周长 ＝86.1
总面积 ＝600.0
指定第一个角点或 [对象(O)/减少面积(S)]:✓
总面积 ＝600.0

5.2.3 列出图形对象的信息

LIST 命令可以列出图形对象的信息。

（1）生成面域。单击"默认"标签→"绘图"面板→"面域"命令，如图 5-15 中①所示。系统提示为：

命令: _region
选择对象:选择图 5-15 中②所示的区域
选择对象:✓
已提取 1 个环。
已创建 1 个面域。
命令:✓
REGION
选择对象:选择图 5-15 中③所示的区域
选择对象:✓
已提取 1 个环。
已创建 1 个面域。

图 5-15 生成面域

（2）生成并集。选择菜单"修改"→"实体编辑"→"并集"命令，系统提示为：

命令: _union
选择对象:选择图 5-16 中①所示的面域
选择对象:选择图 5-16 中②所示的面域
选择对象:✓

结果如图 5-16 中③所示。

（3）查询面积。在命令行输入"area"并按〈Enter〉键，系统提示为：

命令:area↙
AREA
指定第一个角点或 [对象(O)/增加面积(A)/减少面积(S)] <对象(O)>:↙
选择对象:选择图 5-16 中④所示的面域
面积 = 1050.0，周长 = 150.0

图 5-16　生成并集

（4）列出图形信息。在命令行输入"li"并按〈Enter〉键，系统提示为：

命令:li↙
LIST
选择对象:选择如图 5-16 中③所示的面域
　　　　　　REGION　　图层: 0
　　　　　　　　　　　空间: 模型空间
　　　　　　　句柄 = b8
　　　　　　　　　　面积: 1050.0
　　　　　　　　　　周长: 150.0
　　　边界框: 边界下限 X = 177.0　　 ,Y = 100.0　　　,Z = 0.0
　　　　　　　边界上限 X = 145.0　　 ,Y = 130.0　　　,Z = 0.0

5.3　表格

表格常用来展示与图形相关的标准、数据信息、材料和装配信息等内容。下面用表格建立一个标题栏。

（1）选择"格式"→"表格样式"菜单命令，打开"表格样式"对话框。单击"新建"按钮，如图 5-17 中①所示。在"创建新的表格样式"对话框中的"新样式名"文本框中输入"标题栏"，如图 5-17 中②所示。单击"继续"按钮，如图 5-17 中③所示。弹出"新建表格样式：标题栏"对话框。

（2）在"单元样式"下方下拉列表中选择"数据"，如图 5-18 中①所示。在"常规"选项卡的"对齐"下拉列表框选择"正中"，如图 5-18 中②所示。在"文字"选项卡的"文字样式"下拉列表框中选择"Standard"，如图 5-18 中③所示。在"边框"选项卡的"特性"选项组中单击"外边框"按钮，如图 5-18 中④所示。

图 5-17 "创建新的表格样式"对话框

图 5-18 "新建表格样式：标题栏"对话框

（3）单击"确定"按钮返回到"表格样式"对话框，在"样式"列表框中选中创建的新样式，单击"置为当前"按钮，如图 5-19 所示。设置完毕后，单击"关闭"按钮，关闭"表格样式"对话框。

图 5-19 "表格样式"对话框

（4）选择"绘图"→"表格"菜单命令，弹出"插入表格"对话框，在"插入方式"选项组中选择"指定插入点"单选按钮，如图 5-20 中②所示。在"设置单元样式"选项组中选择"第一行单元样式"为"数据"；"第二行单元样式"为"数据"，如图 5-20 中③④所示。在"列和行设置"选项组中分别设置"列""列宽""数据行"和"行高"，如图 5-20 中⑤～⑧所示。单击"确定"按钮。

图 5-20 "插入表格"对话框

（5）在绘图区空白处单击，插入 3 行 8 列的表，如图 5-21 所示。

图 5-21 插入表格

（6）选择表单元（选择一个单元，然后按住〈Shift〉键并在另一个单元内单击，可以同时选中这两个单元以及它们之间的所有单元），如图 5-22 中①所示。右击，在弹出的快捷菜单中选择"合并"→"按行"命令，按〈Esc〉键后结果如图 5-22 中②所示。

图 5-22 按行合并单元

（7）选择表单元，如图 5-23 中①所示。右击，在弹出的快捷菜单中选择"合并"→"按列"命令，按〈Esc〉键后结果如图 5-23 中②所示。

156

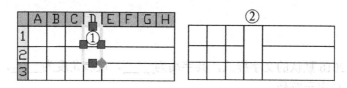

图5-23　按列合并单元

（8）选择单元格，如图 5-24 中①所示，右击，在弹出的快捷菜单中选择"取消合并"命令，按〈Esc〉键后结果如图 5-24 中②所示。

图5-24　取消合并单元

（9）在要修改的列或行中的表格单元内单击（这里选择图 5-25 中①所示的单元，按〈Esc〉键可以取消选择）。选择"修改"→"特性"菜单命令或者按快捷键〈Ctrl+1〉，在"特性"面板的"单元"中可看到"单元宽度"的数值为"10"，如图 5-25 中②所示。修改"单元宽度"的数值为"40"，如图 5-25 中③所示。单击"关闭"按钮，如图 5-25 中④所示。结果如图 5-25 中⑤所示。

图5-25　修改单元宽度

（10）用类似的方法修改其他单元的数值，修改完毕后的结果如图5-26所示。

图5-26　修改单元宽度和高度

5.4 习题

1. AutoCAD 2016 默认的文字样式，其字高为_____，旋转角度为_____。

2. 控制码%%C 表示符号_____。

3. 输入单行文字的命令是_____。

4. 输入多行文字的命令是_____。

    A. TEXT   B. DTEXT   C. MTEXT   D. DIM

5. 正负公差符号的控制码是_____。

    A. %%D   B. %%C   C. %%O   D. %%P

6. 检查文字拼写的命令是_____。

    A. SPELL   B. CHECK   C. TEXT   D. 都不是

7. 绘制 R25 的两个圆，如图 5-27 中①②所示。将两个圆分别生成面域，并作"并集"（如图 5-27 中③所示）和"交集"（如图 5-27 中④所示），并分别查询其面积。

图 5-27　查询面积

8. 创建 A4 图幅的标题栏样板文件，如图 5-28 所示。

图 5-28　标题栏

第6章 尺寸标注和编辑

通常，图样中的标注包括尺寸标注、公差标注、形位公差（现行标准中应为"几何公差"，AutoCAD 中为形位公差，为了全书统一，本书仍采用形位公差的说法）标注、表面粗糙度标注和填写技术要求等。

图样中的视图只能表示出零件的结构形状。有关各部分的确切大小与相对位置是由所标注的尺寸确定的，因此尺寸不仅是图样中的重要内容，也是制造、装配、检验和维修的直接依据。

对于机械零件的尺寸标注必须认真、细致，并要求做到完全、清晰、合理。所谓完全，就是对所表达的零件，要求将其各部分形状的大小及相对位置都唯一确定下来，不允许有遗漏尺寸、多余尺寸和重复尺寸。所谓清晰，就是指图上标注的尺寸必须安排得清楚、得当，尺寸数字必须标注得清晰易认，不允许有模糊不清的现象。所谓合理，是指尺寸标注得符合设计与工艺要求。

从几何角度上来看，零件图上标注的尺寸，可以分为两类性质不同的尺寸，即表示几何元素或几何图形形状的尺寸（定形尺寸）和表示几何元素之间或几何图形之间的相对位置的尺寸（定位尺寸）。组合体视图的尺寸，必须按形体分析来标注，否则就不符合要求。

6.1 标注尺寸公差

图形只是表达了物体的形状，物体各部分的真实大小及相对位置要靠尺寸来表示，没有尺寸的图样是没有应用价值的。

可采用以下几种方法之一来激活线性标注命令。

* ✂功能区：单击"注释"标签→"标注"面板→"线性"按钮┠。
* ✂菜单栏：选择"标注(N)"→"线性(L)"菜单命令。
* ✂工具栏：单击"标注"工具栏上的"线性"按钮┠。
* ▦命令栏：dimlinear。

6.1.1 用特性来标注尺寸公差

（1）绘制一个矩形。单击"默认"标签→"绘图"面板→"矩形"按钮▭，系统提示为：

```
命令: _rectang
指定第一个角点或 [倒角(C)/标高(E)/圆角(F)/厚度(T)/宽度(W)]:在绘图区任意位置单击确定一点
指定另一个角点或 [面积(A)/尺寸(D)/旋转(R)]:@22.8,10✓
```

（2）标注线性尺寸。单击"注释"标签→"标注"面板→"线性"按钮┠，如图 6-1 中①②所示。系统提示为：

```
命令: _dimlinear
指定第一条延伸线原点或 <选择对象>:捕捉图 6-1 中③所示的点
```

指定第二条延伸线原点:捕捉图 6-1 中④所示的点

指定尺寸线位置或[多行文字(M)/文字(T)/角度(A)/水平(H)/垂直(V)/旋转(R)]:向下移动鼠标到适当位置后单击如图 6-1 中⑤所示

标注文字 = 22.8

图 6-1　标注尺寸

（3）选择尺寸 22.8 后，右击，从弹出的快捷菜单中选择"特性"命令，系统弹出"特性"面板，如图 6-2 中①～⑤所示设置各参数，单击"关闭"按钮关闭"特性"面板。按〈Esc〉键退出命令。结果如图 6-2 中⑦所示。

图 6-2　"特性"对话框

注意

标注公差时，一定要将"公差精度"设置为"0.00"，如图 6-2 中④所示。否则即使已经设置了上下偏差，但显示的却是"±0"。

（4）按快捷键〈Ctrl+Z〉或单击屏幕最上方的"放弃"按钮，撤销刚刚执行的操作。

（5）单击"注释"标签→"标注"面板→"线性"按钮，系统提示为：

命令:_dimlinear
指定第一条延伸线原点或 <选择对象>:捕捉图 6-3 中①所示的点
指定第二条延伸线原点:捕捉图 6-3 中②所示的点
指定尺寸线位置或
[多行文字(M)/文字(T)/角度(A)/水平(H)/垂直(V)/旋转(R)]:t↙（选择文字选项）
输入标注文字 <22.8>:%%C22.8↙（输入字符）
[多行文字(M)/文字(T)/角度(A)/水平(H)/垂直(V)/旋转(R)]:向下移动鼠标到适当的位置后单击,如图 6-3 中③所示
标注文字 = 22.8

图 6-3 标注直径符号

6.1.2 用堆叠字符来标注尺寸公差

在命令行输入命令"erase"后按〈Enter〉键,选择刚完成的标注,删除之。

单击"注释"标签→"标注"面板→"线性"按钮，系统提示为:

命令:_dimlinear
指定第一条尺寸界线原点或 <选择对象>:捕捉图 6-4 中①所示的点
指定第二条尺寸界线原点:捕捉图 6-4 中②所示的点
指定尺寸线位置或
[多行文字(M)/文字(T)/角度(A)/水平(H)/垂直(V)/旋转(R)]:m↙（输入字母"m",弹出多行文字编辑框,可输入文字更改系统测定尺寸数值）
输入 22.80.21^0.00,选中 0.21^0.00,如图 6-4 中③所示,右击,从弹出的快捷菜单中选择"堆叠"命令,如图 6-4 中④所示
指定尺寸线位置或
[多行文字(M)/文字(T)/角度(A)/水平(H)/垂直(V)/旋转(R)]:向下移动鼠标到适当的位置后单击,如图 6-4 中⑤所示
标注文字 = 22.8

图 6-4 用"插入符"堆叠尺寸

如果输入"22.80.21/0.00",选中 0.21/0.00,右击,从弹出的快捷菜单中选择"堆叠"命令,则结果如图 6-5 所示。

如果输入"22.80.21#0.00",选中"0.21#0.00",右击,从弹出的快捷菜单中选择"堆叠"命令,则结果如图 6-6 所示。

图 6-5　用"/"堆叠尺寸　　　　　　　　　　图 6-6　用"#"堆叠尺寸

6.1.3　利用替代样式标注尺寸公差

（1）选择"格式"→"标注样式"菜单命令或者单击"标注"工具栏中的"标注样式"按钮，打开"标注样式管理器"对话框，选中"尺寸-35"，单击"新建"按钮，如图 6-7 中①②所示。弹出"创建新标注样式"对话框，在该对话框的"新样式名（N）"文本框中输入"TD"，其余设置不变，单击"继续"按钮，如图 6-7 中③④所示。

图 6-7　"创建新标注样式"对话框

（2）系统弹出"新建标注样式：TD"对话框，在该对话框的"主单位"选项卡中，按图 6-8 设置参数。

图 6-8　"主单位"选项卡

（3）单击"公差"标签，参数如图6-9中①～⑥所示设置。单击对话框中的"确定"按钮，完成公差样式的设置。

图6-9 "公差"选项卡

（4）系统返回到"标注样式管理器"对话框，选择"TD"，单击"置为当前"按钮，单击"关闭"按钮，如图6-10中①～③所示。

图6-10 "标注样式管理器"对话框

（5）单击"注释"标签→"标注"面板→"线性"按钮，如图6-1中①②所示。系统提示为：

命令：_dimlinear
指定第一条尺寸界线原点或 <选择对象>:捕捉图6-11中①所示的点
指定第二条尺寸界线原点:捕捉图6-11中②所示的点
指定尺寸线位置或
[多行文字(M)/文字(T)/角度(A)/水平(H)/垂直(V)/旋转(R)]:向下移动鼠标到适当的位置后单击，如图6-11中③所示
标注文字 = 22.8

图6-11 标注尺寸

6.2 标注引线

本节将介绍如何使引线的标注符合国家标准。

6.2.1 倒角命令

可采用以下几种方法之一来激活倒角命令。

- 🔧功能区：单击"默认"标签→"修改"面板→"倒角"按钮🔲。
- 🔧菜单栏：选择"修改(M)"→"倒角(C)"菜单命令。
- 🔧工具栏：单击"修改"工具栏上的"倒角"按钮🔲。
- 📟命令栏：chamfer。

单击"默认"标签→"修改"面板→"分解"按钮🔳，选择矩形，如图 6-12 中①②所示。单击"修改"工具栏上的"倒角"按钮🔲，如图 6-12 中③所示。系统提示为：

> 命令: _chamfer
> ("修剪"模式) 当前倒角距离 1 = 6.0，距离 2 = 3.0
> 选择第一条直线或 [放弃(U)/多段线(P)/距离(D)/角度(A)/修剪(T)/方式(E)/多个(M)]:d↙
> 指定第一个倒角距离 <6.0>:3↙
> 指定第二个倒角距离 <3.0>:↙
> 选择第一条直线或 [放弃(U)/多段线(P)/距离(D)/角度(A)/修剪(T)/方式(E)/多个(M)]:选择直线，如图 6-12 中④所示
> 选择第二条直线，或按住 Shift 键选择要应用角点的直线: 选择直线，如图 6-12 中⑤所示

结果如图 6-12 中⑥所示。

图 6-12　倒角

6.2.2 引线命令

选择"标注"→"引线"菜单命令或者在命令行输入"qleader"并按〈Enter〉键，系统提示为：

> 命令:qleader↙
> 指定第一个引线点或 [设置(S)] <设置>:↙（系统弹出"引线设置"对话框）

如图 6-13 中①～⑧所示设置"引线设置"对话框中的各参数。

图6-13 "引线设置"对话框

指定第一个引线点或 [设置(S)] <设置>:捕捉图6-14中①所示的点
指定下一点:向下移动鼠标到图6-14中②所示的点单击
指定下一点:向右移动鼠标到图6-14中③所示的点单击
指定文字宽度 <3.5>:5✓
输入注释文字的第一行 <多行文字(M)>:C3✓
输入注释文字的下一行:按〈Esc〉键退出命令
取消

图6-14 标注引线

引线标注的应用如图6-15所示。

图6-15 引线标注的应用

a) 注释文字 b) 公差 c) 无注释 d) 引线为样条曲线 e) 引线无箭头

6.3 标注形位公差

在命令行输入"qleader"并按〈Enter〉键,即:

命令:qleader✓
指定第一个引线点或 [设置(S)] <设置>:✓ (系统弹出"引线设置"对话框)

如图6-16中①～⑥所示设置"引线设置"对话框中的各参数。

图 6-16 "引线设置"对话框

系统弹出"形位公差"对话框,单击"符号"选项组下方的黑方块,打开"特征符号"对话框。选择所需的形位公差符号,在"公差 1"文本框中输入公差值,单击"确定"按钮,如图 6-17 中④~⑦所示。结果如图 6-17 中⑧所示。

图 6-17 形位公差

6.4 斜线和角度标注

本节将介绍斜线和角度的标注方法。

6.4.1 对齐标注命令

可采用以下几种方法之一来激活对齐标注命令。

- ✦功能区：单击"注释"标签→"标注"面板→"对齐"按钮 ⟍。
- ✦菜单栏：选择"标注(N)"→"对齐(G)"菜单命令。
- ✦工具栏：单击"标注"工具栏上的"对齐"按钮 ⟍。
- ✦命令栏：dimaligned。

单击"默认"标签→"修改"面板→"删除"按钮 ✐ ，选择倒角和形位公差，删除之。
单击"注释"标签→"标注"面板→"对齐"按钮 ⟍，系统提示为：

命令: _dimaligned
指定第一个尺寸界线原点或 <选择对象>:捕捉图 6-18 中①所示的点
指定第二条尺寸界线原点:捕捉图 6-18 中②所示的点
指定尺寸线位置或
[多行文字(M)/文字(T)/角度(A)]:向右下方移动鼠标到图 6-18 中③所示的点单击
标注文字 = 4.2

图 6-18　标注斜线和角度

6.4.2　角度标注命令

可采用以下几种方法之一来激活角度标注命令。

- 功能区：单击"注释"标签→"标注"面板→"角度"按钮△。
- 菜单栏：选择"标注(N)"→"角度(A)"菜单命令。
- 工具栏：单击"标注"工具栏上的"角度"按钮△。
- 命令栏：dimangular。

单击"注释"标签→"标注"面板→"角度"按钮△，系统提示为：

命令: _dimangular
选择圆弧、圆、直线或 <指定顶点>:选择斜线，如图 6-18 中④所示
选择第二条直线:选择水平线，如图 6-18 中⑤所示
指定标注弧线位置或 [多行文字(M)/文字(T)/角度(A)/象限点(Q)]:向左上方移动鼠标到图 6-18 中⑥所示
的点单击
标注文字 = 135

　　单击"默认"标签→"修改"面板→"删除"按钮，选择斜线和角度尺寸，删除之。
选择图形，如图 6-19 中虚线所示，激活左下角点，如图 6-19 中①所示。系统提示为：

命令:
** 拉伸 **
指定拉伸点或 [基点(B)/复制(C)/放弃(U)/退出(X)]:↙
** MOVE **
指定移动点 或 [基点(B)/复制(C)/放弃(U)/退出(X)]:↙
** 旋转 **
指定旋转角度或 [基点(B)/复制(C)/放弃(U)/参照(R)/退出(X)]:↙
** 比例缩放 **
指定比例因子或 [基点(B)/复制(C)/放弃(U)/参照(R)/退出(X)]:c↙
** 比例缩放 (多重) **
指定比例因子或 [基点(B)/复制(C)/放弃(U)/参照(R)/退出(X)]:1.5↙ （如图 6-19 中②所示）
** 比例缩放 (多重) **
指定比例因子或 [基点(B)/复制(C)/放弃(U)/参照(R)/退出(X)]:c↙
** 比例缩放 (多重) **

指定比例因子或 [基点(B)/复制(C)/放弃(U)/参照(R)/退出(X)]:2.5✓ （如图6-19中③所示）
** 比例缩放 (多重) **
指定比例因子或 [基点(B)/复制(C)/放弃(U)/参照(R)/退出(X)]:✓

图6-19　缩放图形

6.5　基线标注和连续标注

本节将介绍基线标注和连续标注的方法。

6.5.1　基线标注命令

在标注尺寸时，有时需要标注系列尺寸。基线标注是自同一基线处开始的多个尺寸标注。连续标注是首尾相连的多个标注。可采用以下几种方法之一来激活基线标注命令。

- ✎功能区：单击"注释"标签→"标注"面板→"基线"按钮╠。
- ✎菜单栏：选择"标注(N)"→"基线(B)"菜单命令。
- ✎工具栏：单击"标注"工具栏上的"基线"按钮╠。
- ⌨命令栏：dimbaseline。

单击"注释"标签→"标注"面板→"对齐"按钮↖，系统提示为：

命令: _dimaligned
指定第一个尺寸界线原点或 <选择对象>:捕捉图6-20中①所示的点
指定第二条尺寸界线原点:捕捉图6-20中②所示的点
指定尺寸线位置或
[多行文字(M)/文字(T)/角度(A)]:向右下方移动鼠标到图6-20中③所示的点单击
标注文字 =19.8

单击"注释"标签→"标注"面板→"基线"按钮╠，系统提示为：

命令: _dimbaseline
指定第二条尺寸界线原点或 [放弃(U)/选择(S)] <选择>:捕捉图6-20中④所示的点（系统自动找到尺寸的基线，可以直接确定下一个要标注的第二条尺寸界线位置）
标注文字 =29.7
指定第二条尺寸界线原点或 [放弃(U)/选择(S)] <选择>:捕捉图6-20中⑤所示的点
标注文字 =49.5
指定第二条尺寸界线原点或 [放弃(U)/选择(S)] <选择>:捕捉图6-20中⑥所示的点
标注文字 =57
指定第二条尺寸界线原点或 [放弃(U)/选择(S)] <选择>:✓

系统自动设置了"基线间距"。可以在"标注样式管理器"对话框中的"直线"选项卡下的"基线间距"文本框中设置"基线标注"中的相邻两尺寸线之间的距离，也可直接在命令行中输入"DIMSPACE"来设置，系统提示为：

命令: DIMSPACE
选择基准标注:选择图 6-20 中⑦所示的标注
选择要产生间距的标注:选择图 6-20 中⑧所示的标注
选择要产生间距的标注:↙
输入值或 [自动(A)] <自动>:9↙ （结果图 6-20 中⑨所示）

图 6-20　标注基线尺寸

6.5.2　连续标注命令

可采用以下几种方法之一来激活连续标注命令。

- 功能区：单击"注释"标签→"标注"面板→"连续"按钮。
- 菜单栏：选择"标注(N)"→"连续(C)"菜单命令。
- 工具栏：单击"标注"工具栏上的"连续"按钮。
- 命令栏：dimcontinue。

单击"默认"标签→"修改"面板→"删除"按钮，选择基线尺寸，删除之。单击"注释"标签→"标注"面板→"对齐"按钮，系统提示为：

命令: _dimaligned
指定第一个尺寸界线原点或 <选择对象>:捕捉图 6-21 中①所示的点
指定第二条尺寸界线原点:捕捉图 6-21 中②所示的点
指定尺寸线位置或
[多行文字(M)/文字(T)/角度(A)]:向左方移动鼠标到图 6-21 中③所示的点单击
标注文字 = 10

单击"注释"标签→"标注"面板→"连续"按钮，系统提示为：

命令: _dimcontinue
指定第二条尺寸界线原点或 [放弃(U)/选择(S)] <选择>:捕捉图 6-21 中④所示的点
标注文字 = 5
指定第二条尺寸界线原点或 [放弃(U)/选择(S)] <选择>:捕捉图 6-21 中⑤所示的点
标注文字 = 10
指定第二条尺寸界线原点或 [放弃(U)/选择(S)] <选择>:↙

图 6-21　标注连续尺寸

6.6　圆心标注和快速标注

本节将介绍圆心标注和快速标注的方法。

6.6.1　圆心标注命令

圆心标注用于在圆弧或圆上创建圆心标记或中心线。可采用以下几种方法之一来激活圆心标记命令。

- 功能区：单击"注释"标签→"标注"面板→"圆心标记"按钮⊙。
- 菜单栏：选择"标注(N)"→"圆心标记(Q)"菜单命令。
- 工具栏：单击"标注"工具栏上的"圆心标记"按钮⊙。
- 命令栏：dimcenter。

单击"默认"标签→"绘图"面板→"圆"按钮⊙，系统提示为：

```
命令: _circle
指定圆的圆心或 [三点(3P)/两点(2P)/切点、切点、半径(T)]:在绘图区任意位置单击，确定圆心
指定圆的半径或 [直径(D)] <18.0>:10↙
```

单击"注释"标签→"标注"面板→"圆心标记"按钮⊙，系统提示为：

```
命令: _dimcenter
选择圆弧或圆:选择图 6-22 中①所示的圆，结果如图 6-22 中②所示
```

图 6-22　标注尺寸

6.6.2　快速标注命令

快速标注是智能型的标注，它包含了线性标注、直径半径标注、角度标注、连续标注和基线标注等。使用快速标注时，系统会自动识别出用户选择的元素段，以确定采用何种标注。创建系列基线或连续标注，或者为一系列圆或圆弧创建标注时，此命令特别有用。

可采用以下几种方法之一来激活快速标注命令。

- ⌨ 功能区：单击"注释"标签→"标注"面板→"快速标注"按钮🔲。
- ⌨ 菜单栏：选择"标注(N)"→"快速标注(Q)"菜单命令。
- ⌨ 工具栏：单击"标注"工具栏上的"快速标注"按钮🔲。
- ⌨ 命令栏：qdim。

单击"注释"标签→"标注"面板→"快速标注"按钮🔲，系统提示为：

命令: _qdim
关联标注优先级 = 端点
选择要标注的几何图形:选择图 6-22 中①所示的圆
指定尺寸线位置或 [连续(C)/并列(S)/基线(B)/坐标(O)/半径(R)/直径(D)/基准点(P)/编辑(E)/设置(T)] <半径>:向右上方移动鼠标到图 6-22 中③所示的点单击

6.7 使用夹点编辑尺寸

对于已经存在的尺寸标注，系统提供了许多种编辑方法，各种方法的便捷程度不同，适用的范围也不相同，读者应根据实际需要选择适当的编辑方法。

夹点编辑是系统所提供的一种高效的编辑工具，可以对大多数图形对象进行编辑。当一个标注被选择的时候，都会显示出夹点，图 6-23 所示的小正方形就是夹点。拖动任何一个夹点，就可以移动夹点，一个线型尺寸通常有 5 个夹点，分别对应于文字的位置、关联点的位置和尺寸线的位置。拖动尺寸标注对象上任一个夹点的位置可以修改尺寸界线的引出点位置、文字位置以及尺寸线的位置。

图 6-23　拖动标注对象

夹点编辑用于编辑尺寸标注并对尺寸标注进行拉伸操作时，包括两种情况：拖动标注对象和移动标注文字，如图 6-23 和图 6-24 所示。

图 6-24　移动标注文字

对于拖动标注对象的情况，主要是指关联性的尺寸标注，在改变标注对象后能够自动地更新标注尺寸。

6.8　普通编辑尺寸的方法

尺寸标注可以认为是一般的图形对象，可以使用编辑命令对其进行编辑。

对于尺寸标注的一般编辑，可以使用"特性"面板来进行，在其中可以方便地设置标注的特性。

在图形中选择一个尺寸标注，选择"工具(T)"→"选项板"→"特性(P)"菜单命令或者按〈Ctrl+1〉组合键或者在命令提示下输入"properties"或者右击，在弹出的快捷菜单中选择"特性"命令，启动系统的对象特性面板。

在"特性"面板中，可以对尺寸标注的基本特性进行修改，如图层、颜色、线型等，还可以改变尺寸标注所使用的标注样式。对应于标注样式的 6 类特性，"特性"面板中包括了常规、其他、直线和箭头、文字、调整、主单位、换算单位和公差 8 个选项区，可以展开这 8 个选项区，如图 6-25 所示。

图 6-25　"特性"面板

可以将修改后的标注特性保存到新样式中，其操作步骤如下。

（1）选择已经修改完毕的尺寸标注，右击，在弹出的快捷菜单中选择"标注样式"→"另存为新样式"命令，如图 6-26 所示。

（2）弹出"另存为新标注样式"对话框，如图 6-27 所示，在"样式名"文本框中输入新样式名称，单击"确定"按钮即可。

图 6-26　快捷菜单　　　　　　　　　图 6-27　"另存为新标注样式"对话框

利用这种功能，就能够将已经调整适当的尺寸标注作为标注样式进行保存，以后其他的尺寸标注也可使用这种标注样式，省去了重复设置标注样式。

6.9 用标注编辑工具编辑尺寸

在 AutoCAD 2016 中，系统提供了一些直接编辑尺寸标注的工具，可以对尺寸标注的不同部分进行修改，使用这些命令可以更快速地进行尺寸编辑。

6.9.1 编辑标注命令

编辑标注命令用于编辑尺寸标注，可以编辑尺寸标注的文字内容或旋转尺寸标注文本的方向，还可以指定尺寸界线倾斜的角度。

可采用以下几种方法之一来激活编辑标注命令。

- ✂工具栏：单击"标注"工具栏上的"编辑标注"按钮。
- 命令栏：dimedit。

单击"标注"工具栏上的"编辑标注"按钮，系统提示为：

命令: _dimedit
输入标注编辑类型 [默认(H)/新建(N)/旋转(R)/倾斜(O)] <默认>:o↙
选择对象:选择水平尺寸，如图 6-28 中①所示
选择对象:↙
输入倾斜角度 (按 ENTER 表示无):45↙（结果如图 6-28 中②所示）

图 6-28　尺寸界线倾斜的前后对比

其中各选项的含义如下。

- 默认：将尺寸标注文本按照标注样式的定义转换为默认设置。选择此项后，系统会提示"选择对象:"，用鼠标选择要编辑的尺寸标注即可。
- 新建：使用多行文字编辑器对标注文本的内容进行修改。
- 旋转：旋转所选择的标注文本。选择该选项后，根据系统提示选择对象并指定标注文字的角度。
- 倾斜：调整线性标注尺寸界线的倾斜角度。系统在默认状态下创建尺寸界线与尺寸线垂直的线性标注，当尺寸界线与图形中的其他特性冲突时，"倾斜"选项是有用的。选择该选项后，系统提示输入倾斜角度。尺寸界线倾斜后，标注文字并不改变，还是原来的方向。

6.9.2 编辑标注文字命令

可采用以下几种方法之一来激活编辑标注文字命令。

- ✂工具栏：单击"标注"工具栏上的"编辑标注文字"按钮。
- 命令栏：dimtedit。

单击"标注"工具栏上的"编辑标注文字"按钮，系统提示为：

命令: _dimtedit

选择标注:选择水平尺寸
为标注文字指定新位置或 [左对齐(L)/右对齐(R)/居中(C)/默认(H)/角度(A)]:a↙
指定标注文字的角度:45↙（结果如图6-29中①所示）
命令:↙
DIMTEDIT
选择标注:选择水平尺寸
为标注文字指定新位置或 [左对齐(L)/右对齐(R)/居中(C)/默认(H)/角度(A)]:h↙（结果如图 6-29 中②所示）
命令:↙
DIMTEDIT
选择标注:选择水平尺寸
为标注文字指定新位置或 [左对齐(L)/右对齐(R)/居中(C)/默认(H)/角度(A)]:r↙（结果如图 6-29 中③所示）
命令:↙
DIMTEDIT
选择标注:选择水平尺寸
为标注文字指定新位置或 [左对齐(L)/右对齐(R)/居中(C)/默认(H)/角度(A)]:l↙（结果如图 6-29 中④所示）

图 6-29　编辑标注文字

其中各选项的含义如下。

- 为标注文字指定新位置：如果是通过光标来定位标注文字并且 DIMSHO 系统变量是打开的，那么标注在拖动时会动态更新。垂直放置设置则可以控制标注文字是在尺寸线之上、之下还是中间。
- 左对齐：沿尺寸线左移标注文字，只适用于线性、直径和半径的标注，如图 6-29 中④所示。
- 右对齐：沿尺寸线右移标注文字，只适用于线性、直径和半径的标注，如图 6-29 中③所示。
- 居中：把标注文字放在尺寸线的中心。
- 默认：将标注文字按照默认位置放置，如图 6-29 中②所示。
- 角度：修改标注文字的角度，当命令提示行显示"指定标注文字的角度:"时，输入所要倾斜的文字角度，如图 6-29 中①所示。

对于标注中的文字，也可以使用一般文字的编辑方法进行编辑，例如，对于标注的文字运行 DDEDIT 命令，选择对象后弹出图 6-30 所示的"文字格式"工具栏，由此对文字进行编辑。

图 6-30　"文本格式"对话框

6.9.3 编辑形位公差

形位公差是一类特殊的标注，对于形位公差的编辑可以采用如下的一些方法。

- 双击一个形位公差标注，将会弹出"形位公差"对话框，在其中使用与创建形位公差一样的方法对其进行编辑。
- 选择一个形位公差标注并且打开"特性"面板，在"特性"面板中可对形位公差的各种特性进行编辑和修改。
- 使用文字编辑命令对形位公差中的文字进行编辑。

6.10 习题

绘制并标注图 6-31 所示的阀体。三维立体图如图 6-32 所示。参考答案如图 6-33 所示。

图 6-31　标注尺寸　　　　　　　　　　　　图 6-32　三维立体图

图 6-33　阀体

第 7 章　设置绘图样板

本章介绍绘图前的各种准备工作，为减少将来绘图时的重复劳动，提高绘图效率打下良好的基础。

机械制图国家标准对图纸的幅面与格式、标题栏格式等均提供了具体的要求。为使绘图方便，各设计单位和工厂一般会根据这些标准将图纸裁成相应的幅面，并在图纸上印上图框线和标题栏等内容。同样，使用 AutoCAD 绘制机械图时，用户也可以事先设置好绘图幅面、绘制好图幅框和标题栏。此外还可以进行更为广泛的绘图设置，如设置绘图单位的格式、设置标注文字与标注尺寸时的标注样式、设置图层、设置打印等。设置完毕后可以存为样板文件，以便以后创建新图形时直接调出使用。

样板文件不仅可以避免绘新图形时要进行的绘制相同图形对象以及设置绘图环境这样的重复操作，提高绘图效率，还能保证图形的一致性。基于某样板文件绘新图形并以 dwg 格式保存后，所绘图形对原样板文件没有任何影响。AutoCAD 样板文件是扩展名为 dwt 的文件。

下面将以 A3 图幅为例，介绍如何定义对应的样板文件。

7.1　设置绘图区背景和显示精度

绘图区背景影响视觉效果，显示精度影响小数点后的位数。

7.1.1　设置显示精度

1. 打开样板文件

启动 AutoCAD 后，单击屏幕最上方的快速访问工具栏中的"新建"按钮□或者按快捷键〈Ctrl+N〉，系统弹出"选择样板"对话框，从中选择一种样板文件作为新文件的基文件，例如 acadiso.dwt，如图 7-1 中①所示。因为此文件是一米制样板，其有关设置符合我国的制图标准。

图 7-1　"选择样板"对话框

单击"打开"按钮，AutoCAD 创建对应的新图形。此时就可以进行样板文件的相关设置或绘制相关图形了。单击绘图区域下方的"模型"和"布局 1""布局 2"标签，可在模型空间和图纸空间之间来回切换。

2. 设置显示精度

（1）选择"工具"→"选项"菜单命令，在弹出的"选项"对话框中切换到"显示"选项卡，如图 7-2 中①所示。

（2）在"显示精度"选项组中，将"圆弧和圆的平滑度"由"1000"改为"9000"，如图 7-2 中②所示，这样将使圆的显示更光滑。

（3）在"十字光标大小"选项组中可输入数字或者用鼠标拖动滑块来设置屏幕上光标的显示大小，如图 7-2 中③所示。

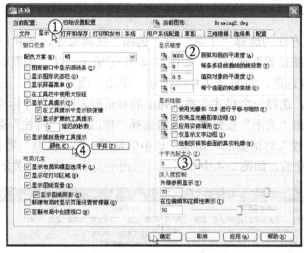

图 7-2 "显示"选项卡

7.1.2 设置绘图区背景

在"窗口元素"选项组中单击"颜色"按钮（如图 7-2 中④所示），弹出"图形窗口颜色"对话框。在"颜色"下拉列表中选择"白"色，如图 7-3 中①②所示，单击"应用并关闭"按钮，返回"选项"对话框。单击"选项"对话框上的"确定"按钮。

图 7-3 "图形窗口颜色"对话框

7.2　设置尺寸关联和显示线宽

在尺寸和标注对象之间建立了几何驱动的尺寸标注叫尺寸关联。用修改命令对标注对象进行修改后，与之关联的尺寸会发生更新，图形尺寸也会发生相应变化。利用这个特点，在修改标注对象后不必重新标注尺寸，非常方便。

7.2.1　设置尺寸关联

关联标注的设置方法为选择"工具"→"选项"菜单命令，在弹出的"选项"对话框中，切换到"用户系统设置"选项卡，如图 7-4 中①所示。在"关联标注"选项组中勾选"使新标注可关联"复选框，如图 7-4 中②所示，单击"确定"按钮。这样标注的尺寸就会与标注对象尺寸关联。选择一个尺寸，系统弹出的对话框表明该尺寸标注是关联标注的，如图 7-4 中④所示，单击"关闭"按钮✖。或者选择"修改"→"特性"菜单命令或者按快捷键〈Ctrl+1〉，在"特性"对话框的"常规"栏中的最后一栏"关联"特性值为"是"，说明该尺寸标注是关联标注的，如图 7-4 中⑥所示。否则不关联。单击"关闭"按钮✖。

图 7-4　"用户系统配置"选项卡

7.2.2　设置显示线宽

为了使屏幕显示效果更真实，需要对 AutoCAD 中显示线宽的参数进行修改。操作步骤如下。

选择"格式"→"线宽"菜单命令，在弹出的"线宽设置"对话框中勾选"显示线宽"复选框，如图 7-5 中①所示。用鼠标拖拉"调整显示比例"滑块到适当的位置，如图 7-5 中②所示。单击"应用并关闭"按钮返回"选项"对话框，如图 7-5 中③所示。

图 7-5 "线宽设置"对话框

7.3 设置绘图单位和图形界限

绘图单位和图纸的大小均可按需预先设定好，以提高绘图效率。

7.3.1 设置图形单位和精确度

用于设置绘图单位格式的命令是 UNITS。要设置图形单位和精确度，可选择"格式"→"单位"菜单命令，弹出"图形单位"对话框。该对话框用于确定长度尺寸和角度尺寸的单位格式以及对应的精度。

在"图形单位"对话框中"长度"选项组的"类型"下拉列表框中选择"小数"，并设置"精度"为"0.0"，如图 7-6 中①②所示。在"角度"选项组的"类型"下拉列表框中选择"十进制度数"，并设置"精度"为"0.0"，系统默认逆时针方向为正，如图 7-6 中③④所示。

单击"图形单位"对话框中的"方向"按钮，弹出"方向控制"对话框。该对话框用于确定基准角度，即零度角的方向。如果选择"其他"单选按钮，可在"角度"文本框中通过输入与 X 轴夹角的角度数值确定零角度的方向。这里将该方向确定为东方向（即默认方向），单击"确定"按钮，系统返回"图形单位"对话框。单击对话框中的"确定"按钮，如图 7-6 中⑤~⑧所示，完成绘图单位格式及其精度的设置。

图 7-6 "图形单位"对话框

7.3.2 设置图形界限

图 7-7 和表 7-1 是机械制图国家标准对图纸幅面及图框格式的规定（GB/T14689—2008）。这里只列出了需要装订线的基本幅面。

图 7-7 图幅尺寸

表 7-1 图幅尺寸

幅 面 代 号	A0	A1	A2	A3	A4
$B \times L$	841×1189	594×841	420×594	297×420	210×297
c	10			5	
a	25				

国家标准对图纸的幅面大小作了严格规定，每一种图纸幅面都有唯一的尺寸。在绘制图形时，设计者应根据图形的大小和复杂程度选择图纸幅面。用于设置图形界限的命令是 LIMITS，也可以选择"格式"→"图形界限"菜单命令。例如下面选择 GB 中的 A3 图纸幅面设置图形边界，A3 图纸的幅面为 420mm×297mm。选择"格式"→"图形界限"菜单命令或者执行 limits 命令，系统提示为：

命令:_limits
重新设置模型空间界限:
指定左下角点或 [开(ON)/关(OFF)] <0.0000,0.0000>:✓（按〈Enter〉键使用默认设置）
指定右上角点 <420.0000,297.0000>:✓（指定图形界限右上角点坐标，按〈Enter〉键确定绘图界限）
命令:✓（重复执行 limits 命令）
重新设置模型空间界限:
指定左下角点或 [开(ON)/关(OFF)] <0.0000,0.0000>:off✓（若选择 ON 选项，则使所绘图范围有效，即用户只能在已设坐标范围内绘图，如果所绘图形超出范围，系统会提示"**超出图形界限"并不显示任何新的绘图命令）
命令:z✓
指定窗口的角点，输入比例因子 (nX 或 nXP)，或者
[全部(A)/中心(C)/动态(D)/范围(E)/上一个(P)/比例(S)/窗口(W)/对象(O)] <实时>:a✓（执行该命令后，绘图范围全部位于绘图区域中）
正在重生成模型

7.4 设置图层

图层可以看成一张张透明的玻璃纸，在不同的图层上可以放置实体的不同部分，最后将

这些图层叠加起来，构成最终的图形。

绘制图样时，通常要用多种线型，如粗实线、细实线、细点画线、细虚线等。用系统绘图时，对于线型要求的习惯做法是：建立一系列具有不同绘图线型和不同绘图颜色的图层，绘图时将具有同一线型的图形对象放在同一图层。也就是说，具有同一线型的图形对象会以相同的颜色显示。

7.4.1　定义图层

定义"中心线"图层的步骤如下。

（1）单击"默认"标签→"图层"面板→"图层特性"按钮，或者选择"格式"→"图层"菜单命令，或者单击"图层"工具栏上的"图层特性管理器"按钮，或者在命令行输入命令"LAYER"，弹出"图层特性管理器"对话框。

（2）在"图层特性管理器"对话框中单击"新建图层"按钮，如图 7-8 中①所示。系统将自动创建名为"图层 1"、颜色为"白色"、线型为"Continuous"的新图层，如图 7-8 中②所示。

（3）单击图层名称"图层 1"，将输入法切换为中文状态，输入"中心线"，如图 7-8 中③所示，按〈Enter〉键结束修改。

ⓘ **注意**

图层名最多可以包含 255 个字符（双字节或字母数字）：字母、数字、空格和几个特殊字符。图层名不能包含字符：<>/\":;?*|='。

（4）设置"中心线"图层的绘图颜色为红色。单击"中心线"图层对应的"白色"选项，如图 7-8 中④所示。弹出"选择颜色"对话框，从中选择红色，如图 7-8 中⑤所示，单击"确定"按钮完成颜色的设置。

（5）设置"中心线"图层的绘图线型为 CENTER。单击"中心线"图层对应的 Continuous 选项，如图 7-8 中⑦所示。

图 7-8　创建新图层

（6）系统弹出"选择线型"对话框，由于列表框中没有需要的线型，则需要先加载对应的线型。单击"加载"按钮，如图 7-9 中①所示。

（7）在系统弹出的"加载或重载线型"对话框中选中 CENTER 线型后，单击"确定"按钮，如图 7-9 中②③所示。

图 7-9 "加载或重载线型"对话框

（8）系统返回到"选择线型"对话框，并在"已加载的线型"列表框中显示出 CENTER 线型。在对话框中选中该线型，如图 7-10 中①所示，单击"确定"按钮。完成线型设置，结果如图 7-10 中③所示。

图 7-10 设置好的中心线图层

定义"粗实线"图层的步骤如下。

（1）在"图层特性管理器"对话框中再次单击"新建图层"按钮，单击图层名称"图层 1"，将其改为"粗实线"，如图 7-11 中①所示，按〈Enter〉键结束修改。将输入法恢复到原来的非中文状态。

（2）单击"粗实线"图层"线宽"列的"—— 默认"，如图 7-11 中②所示。弹出"线宽"对话框，从中选择"0.60mm"，单击"确定"按钮，如图 7-11 中③④所示，完成线宽的设置，如图 7-11 中⑤所示。

图 7-11　设置线宽

可以根据实际需要定义图层的颜色和线型，最后单击右上角的"关闭"按钮关闭对话框。

7.4.2　图层的状态

（1）开/关状态。在开状态下，灯泡的颜色为黄色 💡，对应图层上的图形可以显示，也可以在输出设备上打印；在关状态下，灯泡的颜色为灰色 💡，对应图层上的图形不能显示，也不能在输出设备上打印。单击"开"列对应的小灯泡图标 💡，可以来回切换关闭或打开图层。

（2）冻结/解冻。未冻结图层显示为太阳图标 ☀️，此时图层上的图形对象能够显示，能打印输出和编辑修改。已解冻图层显示为雪花图标 ❄️，此时图层上的图形对象不可见，不能打印输出和编辑修改。

（3）锁定/解锁。锁定图层可以减小对象被意外修改的可能性。仍然可以将对象捕捉应用于锁定图层上的对象，并且可以执行不会修改对象的其他操作。锁定某个图层时并不影响图形对象的显示，只是该图层上的所有对象均不可修改，但可以绘制新图形对象。

🕐 注意

不能冻结当前层，也不能将冻结层设置为当前层，否则会显示警告对话框。冻结的图层与关闭的图层的可见性是一致的，但冻结的对象不参加处理过程中的运算，关闭的图层则要参加运算。解冻一个或多个图层将导致重新生成图形。冻结和解冻图层比打开和关闭图层需要更多的时间，所以在复杂图形中冻结不需要的图层可以加快系统重新生成图形时的速度。

7.4.3　设置线型比例因子

非连续线是由短横线、空格等构成的重复图案，图案中的短线长度、空格大小由线型比例控制。本来想绘制点画线，但给出的线看上去却是线，这是因为线型比例设置得太大或太小，如图 7-12 所示。

ltscale 是控制线型外观的全局比例因子，它将影响所有的非连续线型的外观，其值增加，将使非连续线中的短横线和空格加长，否则会缩短。在命令行输入命令"ltscale"并按〈Enter〉键，系统提示如下：

命令:ltscale✓
输入新线型比例因子 <1.0000>:0.2✓ （结果如图 7-13 所示）

图 7-12　ltscale=1　　　　　　　　　　　　图 7-13　ltscale=0.2

另一种修改非连续线外观的方法如下。

（1）单击"默认"标签→"特性"面板→"线型"下拉列表，在此下拉列表中选择"其他"选项，如图 7-14 中①~④所示。或者选择"格式"→"线型"菜单命令，弹出"线型管理器"对话框。

图 7-14　调用"线型管理器"

（2）单击"显示细节"按钮，如图 7-15 中①所示。则该对话框底部出现"详细信息"选项组。在"详细信息"选项组的"全局比例因子"文本框中输入新的比例值"0.4"，如图 7-15 中②所示。单击"确定"按钮，则显示使用值为 0.4 的比例因子时的虚线和点画线的外观，如图 7-15 中④所示。"全局比例因子"控制线段的长短和线段间间隙的大小。

图 7-15　修改全局比例因子

7.4.4　删除和设置当前层

1. 删除图层

要在图层特性管理器中选择想删除的图层,单击"删除图层"按钮✕即可。

⚠ **注意**

已指定对象的图层不能删除,除非那些对象被重新指定给其他图层或者被删除。不能删除图层 0、图层 DEFPOINTS 和当前图层。

2. 设置当前层

系统是在当前图层上绘制图样的。因此在绘图过程中经常要设置当前图层。设置当前图层的步骤如下。

(1) 在"图层特性管理器"对话框中选择想设为当前层的图层,例如"0",如图 7-16 中①所示。

(2) 单击"置为当前"按钮✓,如图 7-16 中②所示。这时在所选的图层前出现图标✓,如图 7-16 中③所示。单击"关闭"按钮✕退出对话框,如图 7-16 中④所示。

图 7-16　设置当前层

7.4.5 修改对象所属的图层

在实际绘图时，频繁地设置当前层是一件很麻烦的事。通常都是在 0 层中绘制完图样后再更改各对象所在的层。

修改一个或多个对象的图层的最好方法是选择要更改其图层的对象，如图 7-17 中①所示。选择"圆"，如图 7-17 中②所示。单击"默认"标签→"图层"面板→按钮 v，或者在"图层"工具栏上单击"应用的过滤器"按钮 v，如图 7-17 中③所示。选择要指定给对象的图层，如图 7-17 中④所示。按〈Esc〉键，结果如图 7-17 中⑤所示。

图 7-17　修改对象所属的图层

7.4.6 图层转换器

在绘图过程中，当插入了一个不符合标准的图块时，需要把某些图层上的对象转移到另外一些图层上，或者删除某些图层，但不想删除图层内的对象，此时就要用到图层转换器。

（1）新建一个"图层 1"，其颜色为黄色，线型为"DASHED"，线宽为默认，如图 7-18 所示。

图 7-18　新建"图层 1"

（2）选择"工具(T)"→"CAD 标准(S)"→"图层转换器(L)"菜单命令，弹出"图层转换器"对话框。

（3）在"图层转换器"对话框中单击"新建"按钮，如图 7-19 中①所示。弹出"新图层"对话框。

（4）在"新图层"对话框的"名称"文本框中输入"尺寸标注"，如图 7-19 中②所示。单击"线型"下拉列表框，选择"Continuous"，如图 7-19 中③所示。单击"颜色"下拉列表框，选择"蓝"，如图 7-19 中④所示。单击"线宽"下拉列表框，选择"默认"，如图 7-19 中⑤所示。单击"确定"按钮。

图 7-19 "新图层"对话框

（5）在"图层转换器"对话框中的"转换自"列表框中选择"图层 1"，如图 7-20 中①所示。在"转换为"列表框中选择"尺寸标注"，如图 7-20 中②所示。然后单击"映射"按钮，如图 7-20 中③所示。"图层 1"将从"转换自"列表中消失，且在"图层转换映射"列表框中显示转换映射的情况，如图 7-20 中④所示。

（6）单击"转换"按钮，如图 7-20 中⑤所示。

图 7-20 "图层转换器"对话框

（7）弹出"图层转换器—未保存更改"对话框，如图 7-21 所示。选择其中的一个选项即可完成转换，如图 7-22 所示，其中"图层 1"已经消失了，转换成了"尺寸标注"图层。

图 7-21 "图层转换器—未保存更改"对话框

图 7-22 完成转换后的图层

7.5 设置文字样式

绘制机械图时经常需要标注文字，如标注技术要求、填写标题栏等。机械制图国家标准规定字体的号数分为 20、14、10、7、5、3.5、2.5、1.8 共 8 种，其数值即为字的高度（单位为 mm），字的宽度约等于字体高度的 2/3。但习惯上，在 3、4、5 号图样上绘图时，一般采用 3.5 号字；在 1、2 号图样上绘图时，一般采用 5 号字；在 0 号图样上绘图时，一般采用 7 号字。

文字中的汉字应采用长仿宋体。拉丁字母分大写和小写两种，而这两种字母又可以分别写成直体（正体）和斜体两种形式。斜体字的字头向右侧倾斜，与水平线约成 75°。阿拉伯数字也有直体和斜体两种形式。

定义中文文字样式时，需要有对应的中文字体。系统本身就提供了可标注符合国家制图标准的中文字体：gbcbig.shx。另外，当中、英文混排时，为使标注出的中、英文文字的高度协调，系统还提供了对应的符合国家制图标准的英文字体：gbenor.shx 和 gbeitc.shx，其中 gbenor.shx 用于标注正体，gbeitc.shx 则用于标注斜体。

下面将字体文件定义成符合国标要求的文字样式。其中设置新文字样式的样式名为"3.5"，即字高为 3.5。

（1）启动 AutoCAD 后，单击快速访问工具栏中的"新建"按钮□或者按快捷键〈Ctrl+N〉，系统弹出"选择样板"对话框，选择一种样板，如"acadiso.dwt"，单击"打开"按钮。

（2）选择"格式"→"文字样式"菜单命令，在弹出的"文字样式"对话框中单击"新建"按钮，系统弹出"新建文字样式"对话框，在"样式名"文本框中输入"3.5"，如图 7-23 所示，单击"确定"按钮，返回到"文字样式"对话框。

图 7-23 "新建文字样式"对话框

（3）切换到英文输入状态，在"文字样式"对话框的"字体"选项组的"SHX 字体"下拉列表框中选择"gbeitc.shx"选项，如图 7-24 中①所示。选中"使用大字体"复选框，如图 7-24 中②所示。此时"字体样式"下拉列表框将变为"大字体"下拉列表框（大字体是亚洲国家使用的文字）。在该下拉列表框中选择"gbcbig.shx"选项，如图 7-24 中③所示。"高度"文本框中保持默认的"0.000"，如图 7-24 中④所示。

（4）此时的设置为符合国标要求的文字样式设置。由于在字体文件中已经考虑了字的宽高比例，因此在"文字样式"对话框的"效果"选项组的"宽度因子"文本框中输入"1"，如图 7-24 中⑤所示。

（5）在"文字样式"对话框的左下角可以预览所设文字样式的标注效果，如图 7-24 中⑥所示。完成上述设置后，单击"应用"按钮，如图 7-24 中⑦所示。

（6）选择文字样式"3.5"，单击"置为当前"按钮，如图 7-24 中⑧所示。单击"关闭"按钮，完成新文字样式的设置。

图 7-24 "文字样式"对话框

ⓘ **注意**

如果文本高度值设置为 3.5，它将取代"单行文字"和"多行文字"的设置，如果将尺寸标注的文本高度值设为 0，则用"文字样式"对话框中的文本高度设置可以控制尺寸标注的文本高度。

7.6 设置尺寸标注样式

机械制图标准对尺寸标注的格式也有具体的要求，如尺寸文字的大小、尺寸箭头的大小等。本节将定义符合机械制图标准的尺寸标注样式。

7.6.1 设置基本尺寸标注样式

下面用文字样式"3.5"作为尺寸文字的尺寸定义标注样式。

（1）选择"格式"→"标注样式"菜单命令，系统弹出"标注样式管理器"对话框，单击"新建"按钮，如图 7-25 中①所示。

（2）系统弹出"创建新标注样式"对话框，在"新样式名"文本框中输入"3.5"，单击"继续"按钮，如图 7-25 中②③所示。其他采用默认设置（"基础样式"选项默认为"ISO-25"表示将以已有样式 ISO-25 为基础定义新样式）。

（3）系统弹出"新建标注样式：3.5"对话框，在该对话框中单击"线"标签。在"基线间距"数值框中输入"6"，如图 7-26 中①所示。在"超出尺寸线"数值框中输入"2"，如图 7-26 中②所示。在"起点偏移量"数值框中输入"0"，如图 7-26 中③所示。

图 7-25 "创建新标注样式"对话框   图 7-26 "线"选项卡

（4）单击"符号和箭头"标签，在"箭头大小"数值框中输入"3.5"，如图 7-27 中①所示。在"圆心标记"选项组中的数值框中输入"3.5"，如图 7-27 中②所示。其余均采用默认设置。

（5）单击"文字"标签，在"文字样式"下拉列表框中选择"3.5"，如图 7-28 中①所示。在"从尺寸线偏移"数值框中输入"1"，如图 7-28 中②所示。其余均采用默认设置。

图 7-27 "符号和箭头"选项卡   图 7-28 "文字"选项卡

（6）单击"调整"标签，在"调整选项"选项组中选中"文字"单选按钮，如图 7-29 中①所示。选中"手动放置文字"复选框，如图 7-29 中②所示。这样可在标注尺寸时由鼠标拖动来确定文字的位置。

（7）单击"主单位"标签，在"精度"下拉列表框中选择"0"，在"小数分隔符"下拉列表框中选择"句点"，其余采用默认设置，如图 7-30 中①～③所示。单击"确定"按钮，完成尺寸标注样式"3.5"的设置。

图 7-29 "调整"选项卡

图 7-30 "主单位"选项卡

注意

在机械设计中，零件的尺寸误差是靠公差来保证的，而不是精度的位数，这与绘图精度有着本质的区别。

（8）系统返回到"标注样式管理器"对话框。在"样式"列表框中选中"3.5"，单击"置为当前"按钮，单击"关闭"按钮，如图 7-31 中①～③所示。

图 7-31 "标注样式管理器"对话框

7.6.2 设置角度标注子样式

用标注样式"3.5"标注尺寸时，虽然可以标注出符合国标要求的大多数尺寸，但标注出的角度尺寸不符合国标要求。国标规定：标注角度尺寸时，角度的数字一律写成水平方向，一般应标注在尺寸线的中断处。为标注出符合国家标准的角度尺寸，还应在标注样式

"3.5"的基础上定义专门适用于角度标注的子样式。定义过程如下。

（1）选择"格式"→"标注样式"菜单命令，系统弹出"标注样式管理器"对话框，选中"3.5"，单击"新建"按钮，如图 7-32 中①②所示。弹出"创建新标注样式"对话框，在该对话框的"用于"下拉列表框中选择"角度标注"，其余设置不变，单击"继续"按钮，如图 7-32 中③～⑤所示。

图 7-32 选择"角度标注"

（2）弹出"新建标注样式：3.5：角度"对话框，在该对话框的"文字"选项卡中，选择"文字对齐"选项组的"水平"单选按钮，其余设置保持不变，单击"确定"按钮，完成角度样式的设置，如图 7-33 所中①～③所示。系统返回到"标注样式管理器"对话框，系统在已有标注样式"3.5"的下面引出了一个标记为"角度"的子样式，同时在预览窗口中显示出对应的角度标注效果。单击"关闭"按钮，则完成尺寸标注样式的设置，如图 7-33 中④～⑥所示。对直径标注也做类似的设置。

图 7-33 "标注样式管理器"对话框

7.7 绘制图框和标题栏

7.7.1 绘制图框

绘图时，由于图形界限不能直观地显示出来，因此在绘图时还需要通过图框来确定绘图的范围，使所有的图形绘制在图框线之内。通常，图框要小于图形界限，要在图框与图形界限边界之间留一定的距离。

绘制图框线的具体步骤如下。

（1）单击"默认"标签→"图层"面板→"图层特性"按钮，在"图层特性管理器"中选择"粗实线"图层，然后单击"置为当前"按钮 √，将"粗实线"图层设置为当前图层。

（2）单击"绘图"工具栏上的"直线"按钮，或选择"绘图"→"直线"菜单命令，用 LINE 命令绘制图框线，如图 7-34 所示。

```
命令: _line↙
指定第一点: 25,5↙
指定下一点或 [放弃(U)]: @390,0↙
指定下一点或 [放弃(U)]: @0,287↙
指定下一点或 [闭合(C)/放弃(U)]: @-390,0↙
指定下一点或 [闭合(C)/放弃(U)]:c↙
```

图 7-34　绘制图框线

7.7.2 绘制标题栏

标题栏一般位于图框的右下角，可以选择"绘图"→"表格"菜单命令来绘制，也可以用阵列命令等方式来绘制。具体步骤如下。

（1）新建一个图层名为"标题栏"、线型为"Continuous"、颜色为"白色"、线宽为"默认"的图层，并将其设为当前层。

（2）单击"默认"标签→"绘图"面板→"矩形"按钮，系统提示为：

```
命令: _rectang
指定第一个角点或 [倒角(C)/标高(E)/圆角(F)/厚度(T)/宽度(W)]:在绘图区任意位置单击确定一点
指定另一个角点或 [面积(A)/尺寸(D)/旋转(R)]:@130,30↙
```

（3）单击"默认"标签→"修改"面板→"分解"按钮，系统提示为：

```
命令: _explode
选择对象:all↙（选择所有的图形）
选择对象:↙
```

（4）单击"默认"标签→"修改"面板→"阵列"下拉菜单→"矩形阵列"按钮，系统提示为：

命令: _arrayrect
选择对象:选择最下方的水平线,如图 7-35 中①所示
选择对象:↙
类型 = 矩形 关联 = 是
选择夹点以编辑阵列或 [关联(AS)/基点(B)/计数(COU)/间距(S)/列数(COL)/行数(R)/层数(L)/退出(X)] <退出>:r↙
输入行数数或 [表达式(E)] <3>:↙
指定 行数 之间的距离或 [总计(T)/表达式(E)] <1>:10↙
指定 行数 之间的标高增量或 [表达式(E)] <0>:↙
选择夹点以编辑阵列或 [关联(AS)/基点(B)/计数(COU)/间距(S)/列数(COL)/行数(R)/层数(L)/退出(X)] <退出>:col↙
输入列数数或 [表达式(E)] <4>:1↙
指定 列数 之间的距离或 [总计(T)/表达式(E)] <195>:↙
选择夹点以编辑阵列或 [关联(AS)/基点(B)/计数(COU)/间距(S)/列数(COL)/行数(R)/层数(L)/退出(X)] <退出>:↙ (结果如图 7-35 中②所示)

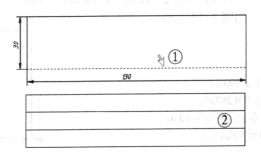

图 7-35　阵列水平线

（5）单击"默认"标签→"修改"面板→"分解"按钮，将刚复制的水平线分解。

（6）单击"默认"标签→"修改"面板→"偏移"按钮，系统提示为：

命令: _offset
当前设置: 删除源=否 图层=源 OFFSETGAPTYPE=0
指定偏移距离或 [通过(T)/删除(E)/图层(L)] <通过>:10↙
选择要偏移的对象，或 [退出(E)/放弃(U)] <退出>:选择最左边的垂直线，如图 7-36 中①的虚线所示
指定要偏移的那一侧上的点，或 [退出(E)/多个(M)/放弃(U)] <退出>:鼠标向右方移动到任意点单击
选择要偏移的对象，或 [退出(E)/放弃(U)] <退出>:↙ (结果如图 7-36 中②所示)
命令:↙
命令: _offset
当前设置: 删除源=否 图层=源 OFFSETGAPTYPE=0
指定偏移距离或 [通过(T)/删除(E)/图层(L)] <通过>:20↙
选择要偏移的对象，或 [退出(E)/放弃(U)] <退出>:选择刚偏移出来的垂直线，如图 7-36 中③的虚线所示
指定要偏移的那一侧上的点，或 [退出(E)/多个(M)/放弃(U)] <退出>:鼠标向右方移动到任意点单击
选择要偏移的对象，或 [退出(E)/放弃(U)] <退出>:↙ (结果如图 7-36 中④所示)

命令:✓

命令:_offset

当前设置: 删除源=否　图层=源　OFFSETGAPTYPE=0

指定偏移距离或 [通过(T)/删除(E)/图层(L)] <20.0>:10✓

选择要偏移的对象，或 [退出(E)/放弃(U)] <退出>:选择刚偏移出来的垂直线，如图 7-36 中⑤的虚线所示

指定要偏移的那一侧上的点，或 [退出(E)/多个(M)/放弃(U)] <退出>:鼠标向右方移动到任意点单击

选择要偏移的对象，或 [退出(E)/放弃(U)] <退出>:✓（结果如图 7-36 中⑥所示）

图 7-36　偏移垂直线

（7）类似地将最右边的垂直线向左边依次偏移 15、10、15、10，如图 7-37 中①～④所示的 4 条垂直线。单击"默认"标签→"修改"面板→"修剪"按钮，将图形修改成图 7-37 中⑤所示的形状。

图 7-37　偏移垂直线并修剪

（8）放大左下角的方框，单击"默认"标签→"绘图"面板→"多段线"按钮，系统提示为:

命令: _pline

指定起点:捕捉左下角点，如图 7-38 中①所示

当前线宽为 0.0

指定下一个点或 [圆弧(A)/半宽(H)/长度(L)/放弃(U)/宽度(W)]:5✓（将鼠标向右移动一段距离后，输入数字"5"）

指定下一点或［圆弧(A)/闭合(C)/半宽(H)/长度(L)/放弃(U)/宽度(W)]:5✓（将鼠标向上移动一段距离后，输入数字"5"，如图7-38中②所示）

（9）单击"默认"标签→"注释"面板→"单行文字"按钮 $\mathbf{A}$，系统提示为：

命令:_text
当前文字样式："3.5"　文字高度：3.5　注释性：否
指定文字的起点或 [对正(J)/样式(S)]:j✓
输入选项 [对齐(A)/布满(F)/居中(C)/中间(M)/右对齐(R)/左上(TL)/中上(TC)/右上(TR)/左中(ML)/正中(MC)/右中(MR)/左下(BL)/中下(BC)/右下(BR)]:m✓
指定文字的中间点:捕捉方格的正中间，如图7-38中②所示
指定高度 <3.5>:5✓
指定文字的旋转角度 <0.0>:✓
输入文字:输入"审核"，连续按〈Enter〉键2次结束文字操作命令，删除辅助线后如图7-38中③所示

图7-38　写文字

（10）单击"默认"标签→"修改"面板→"复制"按钮 ，复制"审核"文字后如图7-39所示。

审核				审核		
审核		审核		审核		审核
审核		审核				

图7-39　复制文字

（11）单击"默认"标签→"修改"→"移动"按钮 ，将文字移动到框格的中间，分别双击文字，将其修改，结果如图7-40所示。

制图		图样名称	图　号	
校对			数量	比例
审核		材　料		

图7-40　移动并修改文字

（12）单击"图样名称"文字，将"高度"的数值修改为7，单击"关闭"按钮，如图7-41中①～③所示。结果如图7-41中④所示。

196

图 7-41 修改文字高度

（13）选中绘制的标题栏，如图 7-42 中①所示。单击"修改"工具栏上的"移动"按钮 ，捕捉标题栏的右下角点，捕捉图框右下角点，如图 7-42 中①～④所示。

图 7-42 A3 带标题栏的图纸

7.8 保存样板文件

现在将设置了绘图单位格式、绘图范围、图层，定义了对应的文字样式、尺寸样式，绘制了图框与标题栏的图样保存为样板文件（如有必要，还可以进行其他绘图环境方面的设置）。保存方法如下。

（1）选择"文件"→"另存为"菜单命令，弹出"图形另存为"对话框，在"文件类型"下拉列表框中选择"AutoCAD 图形样板（*.dwt）"选项，如图 7-43 中①所示。在"文件名"文本框中输入文件名称"A3"，如图 7-43 中②所示。

（2）在"保存于"下拉列表框中选择存放模板的路径，如图 7-43 中③所示。单击"保存"

按钮，如图 7-43 中④所示。弹出"样板选项"对话框，在"说明"文本框中输入对样板图形的描述和说明，如图 7-43 中⑤所示。单击"确定"按钮，至此，A3 图幅的样板文件设置完毕，以后的绘图均可以在此样板的基础上绘制。

图 7-43 "图形另存为"对话框

创建样板图的过程是一个不断尝试和修改的过程。例如，如果设置某个尺寸样式后，进行标注时觉得不合适，就可单击"标注样式管理器"中的"修改"按钮，对尺寸设置进行修改，这样反复修改、试验，直到满意为止。

7.9 设计中心

通过设计中心，用户可以组织对图形、块、图案填充和其他图形内容的访问；可以将原图形中的任何内容拖动到当前图形中；可以将图形、块和图案填充拖动到工具选项板上。原图形可以位于用户的计算机上，也可以来自网络。另外，如果打开了多个图形，则可以通过设计中心在图形之间复制和粘贴其他内容（如图层定义、布局和文字样式）来简化绘图过程。

（1）单击"标准"工具栏上的"设计中心"按钮，或者选择"工具"→"选项板"→"设计中心"菜单命令，也可以按快捷键〈Ctrl+2〉，弹出"设计中心"对话框。整个"设计中心"窗口由两部分组成，左侧为树状图，右侧为内容区。如果在树状图中选择的是文件夹，则右侧内容区显示为该文件夹所包含 DWG 文件的图形图标，如图 7-44 中①所示；如果在树状图中选择的是 DWG 文件，则右侧内容区显示为该文件所包含的命名对象，如图层、标注样式等，如图 7-44 中②所示；如果在树状图中选择的是具体的命名对象，如图层，则内容区显示为该命名对象所包含的具体项目，可以将内容区中的这些项目拖动到当前图形中，以共享这些信息。

图 7-44　设计中心

（2）单击"文件夹"标签，查找到一个已经设置好图层的图形文件，如图 7-45 所示。

图 7-45　在设计中心选中文件

（3）双击"图层"选项，显示出该图形文件拥有的图层。选择"2"，如图 7-46 中①所示。按住鼠标左键将其拖到当前新图形中，单击"关闭"按钮，如图 7-46 中②所示。

图 7-46　在设计中心选中图层

（4）单击"默认"标签→"图层"面板→"图层特性"按钮或者选择"格式(O)"→

"图层(L).."菜单命令或者在"图层"工具栏中单击"图层特性管理器"按钮 ，弹出"图层特性管理器"对话框。这时可以看到 A3 模板中已经添加了对应的图层 2，如图 7-47 所示。

图 7-47　显示新添加的图层

（5）用同样的方法将图形文件中的尺寸标注样式和文字样式拖到当前图形中。这样可简化绘图设置，减少重复劳动，提高效率。

7.10　工具选项板

工具选项板是"工具选项板"窗口中的选项卡形式的区域，它们提供了一种用来组织、共享和放置块、图案填充及其他工具的有效方法。工具选项板还可以包含由第三方开发人员提供的自定义工具。对于绘图中经常使用的图块，如表面粗糙度等，最好将其添加到工具选项板中。

在功能区单击"视图"标签→"选项板"面板→"工具选项板"（如图 7-48 中①～③所示）或者选择"工具"→"选项板"→"工具选项板"菜单命令（如图 7-48 中④～⑥所示）或按快捷键〈Ctrl+3〉可打开或关闭工具选项板，如图 7-48 中⑦所示。

图 7-48　工具选项板

工具选项板可以停靠在绘图窗口左侧或右侧，也可处于浮动状态，还可以自动隐藏。单击相应的标签可切换不同的选项板；单击某一按钮，可进行相应的操作。

单击工具选项板窗口标题栏中的"自动隐藏"按钮，如图 7-49 中①所示。可以只显示工具选项板窗口标题栏，其他部分都被隐藏，如图 7-49 中②所示，当鼠标移到该标题栏处时，被隐藏的部分又会显示出来。若单击工具选项板窗口标题栏中的"自动显示"按钮按钮，如图 7-49 中③所示，则又返回到原来的形状。单击"特性"按钮，如图 7-49 中④所示，则弹出快捷菜单，如图 7-49 中⑤所示。单击"关闭"按钮，如图 7-49 中⑥所示，则关闭工具选项板。

在工具选项板标签左下方的图标上单击，会弹出更多的标签，如图 7-50 中①②所示。

图 7-49　工具选项板　　　　　　　　　图 7-50　更多的工具选项板标签

用户还可根据自己的需求，向工具选项板中添加自定义的选项板，步骤如下。

（1）在某选项板标签上右击，在弹出的快捷菜单中选择"新建选项板"命令，如图 7-51 中①②所示。

（2）系统弹出"新建选项板"标签，如图 7-51 中③所示，可将它命名为想要的名称。

（3）在"新建选项板"空白处右击，在弹出的快捷菜单中选择"自定义命令"命令，如图 7-51 中④所示。弹出"自定义用户界面"对话框，在下方命令列表中选择命令，如图 7-51 中⑤所示，并拖放到"我的选项板"中，如图 7-51 中⑥所示，并添加"分隔符"，可建立自己的选项板。

将制作好的图块使用鼠标左键拖动到工具选项板中，如图 7-52 所示。这样在绘图过程中只需单击工具选项板中的块工具，即可方便地将其插入到图形中。

图 7-51　新建选项板

图 7-52　添加图块到工具选项板

⚠️ **注意**

尽量将这些块工具保存在模板文件里面，防止由于源文件被删除导致在插入块时系统找不到该块。

7.11　习题

1. AutoCAD 的图形样板文件的扩展名为_____。
　　A．dwg　　　　　B．dwt　　　　　C．dxf　　　　　D．dws

2. 按照国家标准图幅，表示 A4 图幅的是_____。
　　A．841×594　　B．594×420　　C．420×297　　D．297×210

3. 如果一张图纸的左下角为（20,15），右上角为（200,105），那么该图纸的图形界限范围是_____。
　　A．180×90　　　B．20×15　　　　C．90×180　　　D．200×105

4．尺寸标注时默认的字高度为 3.5mm 和 5mm，用标注样式"3.5"为基础样式定义标注尺寸文字字高为 5mm 的样式"5"。

该样式的主要设置参数为：在"直线"选项卡中，将"基线间距"设置为"7.5"，将"超出尺寸线"设置为"5.5"，将"起点偏移量"设置为"0"。在"符号和箭头"选项卡中，将"箭头大小"设置为"5"，将"圆心标记"选项组中的"大小"设置为"5"，其余均与样式"3.5"相同。在"文字"选项卡中，将"文字样式"设为对应的文字样式，将"文字高度"设为"5"，将"从尺寸线偏移"设为"0"，其余的设置与样式"3.5"相同。同样，创建样式"5"后，也应该创建它的"角度"子样式，以标注符合国标要求的角度尺寸。

5．设置粗实线、中心线、虚线和文字标注 4 种图层（包括线型和颜色）。

6．绘制图 7-53 所示的标题栏。

图 7-53 标题栏

第8章 轴 测 图

本章介绍三维图形显示、建模的有关知识，用实例分析了二维和三维轴测图的绘制，立体图的装配以及用三维实体图生成平面视图的方法。

三维绘图利于看到真实、直观的效果，也可以方便地通过投影转化为二维图形。AutoCAD 系统有两种三维造型技术，一种是三维曲面造型，另一种是三维实体造型。

三维曲面没有厚度，只有面积，可以用来描述零件的复杂表面形状。基本三维曲面有 8 种：长方体面、棱锥面、楔体面、半球面、球面、圆锥面、圆环面和网格面。此外还有三维面、二维网格、旋转曲面、平移曲面、直纹曲面和边界曲面等。

与三维曲面不同，三维实体是具有质量、体积、重心、惯性矩、回转半径等体特征的三维对象。在各类三维建模中，三维实体的信息最完整，歧义最少。AutoCAD 2016 有两种创建实体的方法：一是根据基本实体（长方体、楔体、球体、圆锥体、圆柱体和圆环体）创建实体；二是通过二维对象沿路径拉伸或者绕轴旋转来创建实体。第二种方法默认来创建复杂的没有规律的实体，对含有圆角、倒角和其他细节的三维对象尤为实用。拉伸实体是指通过拉伸选定的二维曲线对象来创建三维实体。旋转实体是指通过绕轴旋转二维对象来创建三维实体。可以拉伸和旋转闭合的对象，如多线段、多边形、矩形、圆、椭圆、闭合的样条曲线、圆环和面域，但是不能拉伸和旋转三维对象、包含在块中的对象、有交叉或横断部分的多段线或非闭合多段线。既可以沿指定路径拉伸对象，又可以按高度值和倾斜度拉伸对象。一次只能旋转一个对象，旋转正方向按照右手法则确定。旋转过程将忽略多段线的宽度，并从多段线路径的中心处开始旋转。如果用直线或圆弧来创建轮廓，在使用拉伸前需要用"多段线编辑（PEDIT）"命令的"合并"选项将它们转换成单一的多段线或使它们成为一个面域。

由于篇幅所限，本章主要介绍三维实体造型。

8.1 三维形体的显示

视觉样式是一组设置，用来控制视口中边和着色的显示。

单击"视图"标签→"视觉样式"面板（如图 8-1 中①～③所示）或者选择"视图"→"视觉样式"菜单命令（如图 8-1 中④～⑥所示）或者在命令行输入命令"sha"后按〈Enter〉键，系统提示为：

命令: sha↙
SHADEMODE VSCURRENT
输入选项 [二维线框(2)/三维线框(3)/三维隐藏(H)/真实(R)/概念(C)/其他(O)/当前(U)] <当前>:

图 8-1 调出视觉样式

视觉样式各选项的含义如表 8-1 所示。

表 8-1 视觉样式

视觉样式	含 义	实 例
二维线框	显示用直线和曲线表示边界的对象。光栅和 OLE 对象、线型和线宽均可见	
三维线框	显示用直线和曲线表示边界的对象	
三维隐藏	显示用三维线框表示的对象并隐藏表示后向面的直线	
真实	着色多边形平面间的对象，并使对象的边平滑化。将显示已附着到对象的材质	
概念	着色多边形平面间的对象，并使对象的边平滑化。着色使用古氏面样式，一种冷色和暖色之间的转场而不是从深色到浅色的转场。效果缺乏真实感，但是可以更方便地查看模型的细节	

8.2 三维导航工具

三维导航工具允许用户从不同的角度、高度和距离查看图形中的对象。启动三维动态观察视图的方法如下。

- 选择"视图"→"动态观察"菜单命令，如图 8-2 所示。
- 在命令行中输入"3DORBIT"命令后，按〈Enter〉键执行。

选择"自由动态观察"后，不参照平面，在任意方向上进行动态观察。沿 Z 轴的 XY 平面进行动态观察时，视点不受约束，如图 8-3 所示。显示了一个环，它是一个圆，并平均分布有 4 个小圆，此时观察点或观察目标将保持不变，观察位置所在的点或相机位置将环绕目标转动。

图 8-2 启动三维导航工具

图 8-3 三维动态观察器视图

单击并拖动鼠标光标可以旋转视图。当鼠标光标处于转盘的不同部分上时会有所变化，此时单击并拖动鼠标光标将会使视图按照不同规律旋转。

将鼠标光标移动到转盘内，鼠标光标会显示为由两条直线所围绕的小球体⊕。单击并拖动鼠标光标，可以随意操作视图。它的工作方式就像鼠标光标附着到对象周围的球体上，然后在目标点附近拖动球体一样。

将鼠标光标移动到转盘之外时，鼠标光标将显示为围绕小球体的圆形箭头⊙。单击并拖动鼠标光标，可以使视图围绕穿过转盘（垂直于屏幕）中心延伸的轴进行转动。

将鼠标光标移动到转盘左侧或右侧上较小的圆上时，鼠标光标将显示为绕小球体的水平椭圆⊖。单击鼠标然后从这些点之一拖动，可以绕垂直轴通过转盘中心延伸的 Y 轴旋转视图。鼠标光标上的垂直线表示 Y 轴。

将鼠标光标移动到转盘顶部或底部较小的圆上时，将显示为绕小球体的垂直椭圆⊕。单击鼠标然后从这些点之一拖动，可以绕水平轴通过转盘中心延伸的 X 轴旋转视图。鼠标光标上的垂直线表示 X 轴。

注意

不能在 3DORBIT 激活时编辑对象。要退出 3DORBIT，按〈Enter〉键或〈Esc〉键，或者右击并在弹出的快捷菜单上选择"退出"命令。

8.3 绘制三维轴测图

【例 8-1】绘制图 8-4 所示的三维轴测图。

图 8-4 三维轴测图

分析：此形体由两个部分组成，一部分是长方体，由现成的命令生成。另一部分是 L 形，须先绘制出其封闭的轮廓，然后拉伸出来。

8.3.1 拉伸命令

（1）绘制 L 形封闭轮廓。

1）单击"默认"标签→"绘图"面板→"矩形"按钮▢，系统提示为：

命令: _rectang
指定第一个角点或 [倒角(C)/标高(E)/圆角(F)/厚度(T)/宽度(W)]:在绘图区任意位置单击确定一点
指定另一个角点或 [面积(A)/尺寸(D)/旋转(R)]:@50,20✓
命令:✓
命令: _rectang
指定第一个角点或 [倒角(C)/标高(E)/圆角(F)/厚度(T)/宽度(W)]:捕捉矩形左上角点，如图 8-5 中①所示
指定另一个角点或 [面积(A)/尺寸(D)/旋转(R)]:@25,-10✓ （结果如图 8-5 中②所示）

2）单击"默认"标签→"修改"面板→"分解"按钮▢，系统提示为：

命令: _explode
选择对象:选择两个矩形
选择对象:✓

3）单击"默认"标签→"修改"面板→"修剪"按钮✕，系统提示为：

命令: _trim
当前设置:投影=UCS，边=无
选择剪切边...
选择对象或 <全部选择>:✓
选择要修剪的对象，或按住 Shift 键选择要延伸的对象，或
[栏选(F)/窗交(C)/投影(P)/边(E)/删除(R)/放弃(U)]:在绘图区不需要的线上单击
选择要修剪的对象，或按住 Shift 键选择要延伸的对象，或
[栏选(F)/窗交(C)/投影(P)/边(E)/删除(R)/放弃(U)]:✓ （结果如图 8-5 中③所示）

4）单击"默认"标签→"绘图"面板→"面域"按钮▢，系统提示为：

命令: _region
选择对象:选择如图 8-5 中③所示的图形

图 8-5　绘制 L 形封闭轮廓

（2）建立 L 形体。

可采用以下几种方法来激活拉伸命令。

- 功能区：单击"三维工具"标签→"建模"面板→"拉伸"按钮。
- 菜单栏：选择"绘图(D)"→"建模(M)"→"拉伸(X)"菜单命令。
- 工具栏：单击"建模"工具栏上的"拉伸"按钮。
- 命令栏：extrude。

单击"视图"面板→"三维视图"→"西南等轴测"按钮，如图 8-6 中①～③所示。单击"建模"面板→"拉伸"按钮，如图 8-6 中④所示。系统提示为：

```
命令: _extrude
当前线框密度: ISOLINES=4，闭合轮廓创建模式 = 实体
选择要拉伸的对象或 [模式(MO)]:选择图 8-6 中⑤所示的虚线图形
选择要拉伸的对象或 [模式(MO)]:✓
指定拉伸的高度或 [方向(D)/路径(P)/倾斜角(T)/表达式(E)] <80.0000>:30✓　（结果如图 8-6 中⑥所示）
```

图 8-6　建立 L 形体

8.3.2　三维旋转命令

可采用以下几种方法来激活三维旋转命令。

- 菜单栏：选择"修改(M)"→"三维操作(3)"→"三维旋转(R)"菜单命令。
- 工具栏：单击"建模"工具栏上的"三维旋转"按钮 。
- 命令栏：3drotate。

旋转 L 形体。选择菜单"修改(M)"→"三维操作(3)"→"三维旋转(R)"命令，如图 8-7 中①～③所示。系统提示为：

命令: _3drotate
UCS 当前的正角方向：ANGDIR=逆时针　ANGBASE=0
选择对象:选择 L 形拉伸体，如图 8-7 中④所示
选择对象:↙
指定基点:↙
拾取旋转轴:单击图 8-7 中⑤所示圆环
指定角的起点或键入角度:90↙（结果如图 8-7 中⑥所示）

图 8-7　旋转 L 形体

8.3.3　长方体命令

可采用以下几种方法来激活长方体命令。

- 功能区：单击"三维工具"标签→"建模"面板→"长方体"按钮 。
- 菜单栏：选择"绘图(D)"→"建模(M)"→"长方体(B)"菜单命令。
- 工具栏：单击"建模"工具栏上的"长方体"按钮 。
- 命令栏：box。

建立长方体。单击"三维工具"标签→"建模"面板→"长方体"按钮 ，系统提示为：

命令: _box
指定第一个角点或 [中心(C)]:在绘图区任意位置单击确定一点
指定其他角点或 [立方体(C)/长度(L)]:l↙
指定长度 <15.0000>:30↙
指定宽度 <30.0000>:15↙
指定高度或 [两点(2P)] <30.0000>:30↙（结果如图8-8中①所示）

图8-8　建立长方体并移动、合并形体

8.3.4　三维移动命令

可采用以下几种方法来激活三维移动命令。

- 菜单栏：选择"修改(M)"→"三维操作(3)"→"三维移动(M)"菜单命令。
- 工具栏：单击"建模"工具栏上的"三维移动"按钮。
- 命令栏：3dmove。

移动长方体。选择菜单"修改(M)"→"三维操作(3)"→"三维移动(M)"命令，系统提示为：

命令: _3dmove
选择对象:选择长方体
选择对象:↙
指定基点或 [位移(D)] <位移>:捕捉图8-8中①所示的点
指定第二个点或 <使用第一个点作为位移>:捕捉图8-8中②所示的点，结果如图8-8中③所示

8.3.5　并集命令

并集命令用于将两个或多个三维实体、曲面或二维面域合并为一个复合三维实体、曲面或面域。可采用以下几种方法来激活并集命令。

- 功能区：单击"三维工具"标签→"实体编辑"面板→"并集"按钮。
- 菜单栏：选择"修改(M)"→"实体编辑(N)"→"并集(U)"菜单命令。
- 工具栏：单击"实体编辑"工具栏上的"并集"按钮。
- 命令栏：union。

合并形体。单击"三维工具"标签→"实体编辑"面板→"并集"按钮，系统提示为：

命令:_union
选择对象:分别选择两个实体，如图8-8中③④所示
选择对象:↙（结果如图8-8中⑤所示）

210

【例 8-2】 绘制图 8-9 所示的三维轴测图。

图 8-9　组合体

分析：这是这个典型的组合体，由 3 个形体叠加而后再切割 2 个形体而成。形状特征基本上全是"前"视面，只有 1 个切割形状特征在"左"面。该组合体既可以由各形体移动、旋转、对齐而成，也可以使用用户坐标而直接建立。

8.3.6　圆柱体命令

可采用以下几种方法来激活圆柱体命令。

- 功能区：单击"三维工具"标签→"建模"面板→"圆柱体"按钮。
- 菜单栏：选择"绘图(D)"→"建模(M)"→"圆柱体(C)"菜单命令。
- 工具栏：单击"建模"工具栏上的"圆柱体"按钮。
- 命令栏：cylinder。

（1）绘制圆柱体。

单击"视图"面板→"前视"按钮，如图 8-10 中①②所示。单击"创建"面板→"圆柱体"按钮，如图 8-10 中③④所示。系统提示为：

命令: _cylinder
　指定底面的中心点或 [三点(3P)/两点(2P)/切点、切点、半径(T)/椭圆(E)]:在绘图区任意位置单击确定一点
　指定底面半径或 [直径(D)]:12✓
　指定高度或 [两点(2P)/轴端点(A)]:13✓

单击"视图"面板→"三维视图"→"西南等轴测"按钮，结果如图 8-10 中⑤所示。

（2）绘制长方体。单击"视图"面板→"前视"按钮，单击"三维工具"标签→"建模"面板→"长方体"按钮，系统提示为：

图 8-10　绘制圆柱体

> 命令:_box
> 指定第一个角点或 [中心(C)]:捕捉象限点,如图 8-11 中①所示
> 指定其他角点或 [立方体(C)/长度(L)]:1✓
> 指定长度 <15.0000>:24✓
> 指定宽度 <30.0000>:-15✓
> 指定高度或 [两点(2P)] <30.0000>:13✓

　　单击"视图"面板→"西南等轴测"按钮,结果如图 8-11 中②所示。单击"三维工具"标签→"实体编辑"面板→"并集"按钮⑩,系统提示为:

> 命令:_union
> 选择对象:分别选择两个实体
> 选择对象:✓(结果如图 8-11 中③所示)

图 8-11　绘制长方体

　　(3)绘制键槽形体。单击"三维工具"标签→"坐标"面板→"面"按钮,如图 8-12 中①~③所示,系统提示为:

> 命令: _ucs
> 当前 UCS 名称: *前视*
> 指定 UCS 的原点或 [面(F)/命名(NA)/对象(OB)/上一个(P)/视图(V)/世界(W)/X/Y/Z/Z 轴(ZA)] <世界>:_fa
> 　　选择实体面、曲面或网格:移动鼠标,选择图 8-12 中④所示的面
> 　　输入选项 [下一个(N)/X 轴反向(X)/Y 轴反向(Y)] <接受>:✓

图 8-12　将 UCS 定义到面上

单击"三维工具"标签→"建模"面板→"圆柱体"按钮□，系统提示为：

命令: _cylinder
指定底面的中心点或 [三点(3P)/两点(2P)/切点、切点、半径(T)/椭圆(E)]:捕捉图 8-13中①所示的形体的圆心
指定底面半径或 [直径(D)]:6✓
指定高度或 [两点(2P)/轴端点(A)]:13✓（结果如图 8-13 中②所示）

单击"默认"标签→"修改"面板→"复制"按钮°，系统提示为：

命令: _copy
选择对象:选择刚绘制的小圆柱
选择对象:✓（结束选择对象）
当前设置： 复制模式 = 多个
指定基点或 [位移(D)/模式(O)] <位移>:捕捉圆心
指定第二个点或 [阵列(A)] <使用第一个点作为位移>:垂直向下移动 5mm，结果如图 8-13 中③所示
指定第二个点或 [阵列(A)/退出(E)/放弃(U)] <退出>:✓

单击"三维工具"标签→"建模"面板→"长方体"按钮□，系统提示为：

命令: _box
指定第一个角点或 [中心(C)]:捕捉象限点，如图 8-13 中④所示
指定其他角点或 [立方体(C)/长度(L)]:捕捉象限点，如图 8-13 中⑤所示
指定高度或 [两点(2P)] <13.0000>:✓

图 8-13　绘制键槽形体

单击"三维工具"标签→"实体编辑"面板→"差集"按钮◎，系统提示为：

命令:_subtract 选择要从中减去的实体、曲面和面域...
选择对象:选择图 8-13 中②所示的圆柱
选择对象:选择图 8-13 中③所示的圆柱
选择对象:选择图 8-13 中④所示的长方体
选择对象:✓（结果如图 8-13 中⑥所示）

（4）绘制 L 形体。单击"三维工具"标签→"坐标"面板→"世界"按钮，如图 8-14 中①所示。单击"视图"面板→"前视"按钮，单击"默认"标签→"绘图"面板→"多段线"按钮，系统提示为：

命令：_pline
指定起点:在绘图区任意位置单击确定一点，如图 8-14 中②所示
当前线宽为 0.0
指定下一个点或 ［圆弧(A)/半宽(H)/长度(L)/放弃(U)/宽度(W)］:12✓（将鼠标向下移动一段距离后，输入数字"12"，如图 8-14 中③所示）
　　指定下一点或 ［圆弧(A)/闭合(C)/半宽(H)/长度(L)/放弃(U)/宽度(W)］:56✓（将鼠标向右移动一段距离后，输入数字"56"，如图 8-14 中④所示）
　　指定下一点或 ［圆弧(A)/闭合(C)/半宽(H)/长度(L)/放弃(U)/宽度(W)］:8✓（将鼠标向上移动一段距离后，输入数字"8"，如图 8-14 中⑤所示）
　　指定下一点或 ［圆弧(A)/闭合(C)/半宽(H)/长度(L)/放弃(U)/宽度(W)］:24✓（将鼠标向左移动一段距离后，输入数字"24"，如图 8-14 中⑥所示）
　　指定下一点或 ［圆弧(A)/闭合(C)/半宽(H)/长度(L)/放弃(U)/宽度(W)］:4✓（将鼠标向上移动一段距离后，输入数字"4"，如图 8-14 中⑦所示）
　　指定下一点或 ［圆弧(A)/闭合(C)/半宽(H)/长度(L)/放弃(U)/宽度(W)］:c✓（闭合图形）

图 8-14　建立 L 形体

单击"默认"标签→"绘图"面板→"面域"按钮，系统提示为：

命令:_region
选择对象:选择 L 形封闭轮廓图形
选择对象:✓
已提取 1 个环。
已创建 1 个面域。

单击"视图"面板→"西南等轴测"按钮，单击"三维工具"标签→"建模"面板→"拉伸"按钮，如图 8-14 中⑧所示。系统提示为：

命令:_extrude

当前线框密度: ISOLINES=4,闭合轮廓创建模式 = 实体

选择要拉伸的对象或 [模式(MO)]: 选择 L 形封闭轮廓面域

选择要拉伸的对象或 [模式(MO)]:✓

指定拉伸的高度或 [方向(D)/路径(P)/倾斜角(T)/表达式(E)] <80.0000>:30✓（结果如图 8-14 中⑨所示）

（5）建立燕尾槽体。单击"视图"面板→"左视"按钮，单击"默认"标签→"绘图"面板→"多段线"按钮，系统提示为：

命令:_pline

指定起点:在绘图区任意位置单击确定一点,如图 8-15 中①所示

当前线宽为 0.0

指定下一个点或 [圆弧(A)/半宽(H)/长度(L)/放弃(U)/宽度(W)]:6✓（将鼠标向右移动一段距离后，输入数字"6"，如图 8-15 中②所示）

指定下一点或 [圆弧(A)/闭合(C)/半宽(H)/长度(L)/放弃(U)/宽度(W)]:5✓（将鼠标向上移动一段距离后，输入数字"5"，如图 8-15 中③所示）

指定下一点或 [圆弧(A)/闭合(C)/半宽(H)/长度(L)/放弃(U)/宽度(W)]:15✓（将鼠标向左移动一段距离后，输入数字"15"，如图 8-15 中④所示）

指定下一点或 [圆弧(A)/闭合(C)/半宽(H)/长度(L)/放弃(U)/宽度(W)]:✓（结束命令）

图 8-15　建立燕尾槽体

单击"默认"标签→"绘图"面板→"直线"按钮，绘制一条斜线，如图 8-15 中⑤所示。单击"默认"标签→"修改"面板→"修剪"按钮，修剪多余的线段，结果如图 8-15 中⑥所示。单击"默认"标签→"修改"面板→"分解"按钮，分解图形。单击"默认"标签→"修改"面板→"删除"按钮，删除垂直线。单击"默认"标签→"修改"面板→"镜像"按钮，镜像出图 8-15 中⑦所示的图形。单击"默认"标签→"绘图"面板→"面域"按钮，将刚镜像出的燕尾槽图形定义为 1 个面域。

单击"视图"面板→"西南等轴测"按钮，单击"三维工具"标签→"建模"面板→"拉伸"按钮，系统提示为：

命令: _extrude

当前线框密度: ISOLINES=4，闭合轮廓创建模式 = 实体

选择要拉伸的对象或 [模式(MO)]:选择燕尾槽图形

选择要拉伸的对象或 [模式(MO)]:↙

指定拉伸的高度或 [方向(D)/路径(P)/倾斜角(T)/表达式(E)] <80.0000>:56↙（结果如图 8-15 中⑧所示）

选择"修改(M)"→"三维操作(3)"→"三维移动(M)"菜单命令，系统提示为：

命令: _3dmove

选择对象:选择燕尾槽形体

选择对象:↙

指定基点或 [位移(D)] <位移>:捕捉图 8-16 中①所示的中点

指定第二个点或 <使用第一个点作为位移>:捕捉图 8-16 中②所示的中点，结果如图 8-16 中③所示

单击"三维工具"标签→"实体编辑"面板→"差集"按钮⑩，系统提示为：

命令: _subtract 选择要从中减去的实体、曲面和面域...

选择对象:选择 L 形体

选择对象:选择燕尾槽形体

选择对象:↙（结果如图 8-16 中④所示）

图 8-16　建立差集

（6）建立竖板。单击"视图"面板→"前视"按钮，单击"默认"标签→"绘图"面板→"圆"按钮⊘，系统提示为：

命令: _circle 指定圆的圆心或 [三点(3P)/两点(2P)/切点、切点、半径(T)]:在绘图区任意位置单击确定圆心

指定圆的半径或 [直径(D)]:12↙（输入半径，如图 8-17 中①所示）

单击"默认"标签→"绘图"面板→"多段线"按钮⊃，系统提示为：

命令: _pline

指定起点:捕捉圆的左象限点，如图 8-17 中②所示

当前线宽为 0.0000

指定下一个点或 [圆弧(A)/半宽(H)/长度(L)/放弃(U)/宽度(W)]:11↙（将鼠标向下移动一段距离后，输入数字"11"，如图 8-17 中③所示）

指定下一点或 [圆弧(A)/闭合(C)/半宽(H)/长度(L)/放弃(U)/宽度(W)]:32↙（将鼠标向左移动一段距离后，输入数字"32"，如图 8-17 中④所示）

单击"默认"标签→"修改"面板→"修剪"按钮，修剪多余的线段，结果如图 8-17 中⑦所示。单击"默认"标签→"绘图"面板→"面域"按钮，将刚生成的封闭图形定义为一个面域。

单击"视图"面板→"西南等轴测"按钮，单击"三维工具"标签→"建模"面板→"拉伸"按钮，系统提示为：

图 8-17　建立竖板

（7）组合各形体。选择"修改(M)"→"三维操作(3)"→"三维移动(M)"菜单命令，系统提示为：

图 8-18　移动键槽形体

选择"修改(M)"→"三维操作(3)"→"三维移动(M)"菜单命令，系统提示为：

命令: _3dmove
选择对象:选择键槽形体
选择对象:↙
指定基点或 [位移(D)] <位移>:捕捉图 8-19 中①所示的键槽形体的左下角点
指定第二个点或 <使用第一个点作为位移>:捕捉图 8-19 中②所示的 L 形体的左上角点，结果如图 8-18
中③所示

单击快速启动工具栏的"另存为"按钮🖫或选择"文件"→"另存为"菜单命令，输入文件名"三维轴测图实例.dwg"，单击"保存"按钮。

图 8-19　移动竖板

8.4　三维到二维的转换

在模型空间和图纸空间之间切换来执行某些任务具有多种优点。使用模型空间可以创建和编辑模型。使用图纸空间可以构造图纸和定义视图，创建最终的打印布局，设计图纸空间的视口。

8.4.1　提取三维实体的轮命令

通常在模型空间下绘制图形，并采用多个视图来表示实体，同时还可以进行尺寸标注和文字注释。在图纸空间可完成类似于模型空间的全部工作，只是，在图纸空间中的视口的数目和位置不受限制，并且视口可以作为操作对象，像其他的图形对象一样进行移动、复制、改变比例等编辑操作。这样各个视口的大小可以不同，位置关系也可以任意调整。

三维到二维的转换主要用 solprof 命令实现。

用 solprof 命令可以提取三维实体的轮廓。轮廓只显示当前视图下实体的曲面轮廓和边。系统会自动判断轮廓线的可见性，自动生成 2 个层，其中，PH-XX 是可见层，PV-XX 是不可见层，即虚线层。

用 solprof 命令选择对象后会提示"是否将轮廓线投影到平面？[是(Y)/否(N)] <是>:"。若选择"是"，系统将用二维对象创建轮廓线。三维轮廓被投射到一个与视图方向垂直并且通过用户坐标系原点的平面上。通过消除平行于视图方向的线，以及由转换圆弧和圆观察到的轮廓素线，系统可以清理二维投影。若选择"否"，系统将用三维对象创建轮廓线。

执行 solprof 命令时，最后一步系统会提示"是否删除相切的边? [是(Y)/否(N)] <是>:"。

相切边是指两个相切面之间的分界边，它只是一个假想的两面相交并且相切的边。例如，如果要将方框的边做成圆角，将在圆柱面与方块平面结合的地方创建相切边。大多数图形应用程序都不显示相切边，如图 8-20 所示。

配置:删除相切边　　　　　　配置:保留相切边

图 8-20　相切边的选项效果

ⓘ 注意

只有在选中布局选项卡并且在浮动模型空间下才能使用 solprof 命令。

使用正交投影法创建布局视口以生成三维实体及体对象的多面视图与剖视图。

根据在模型空间建立的唯一的立体图，可以生成不同视图的二维图，因此要用图纸空间来专门处理不同视图中的视口分割及图形参考。

8.4.2　复制并旋转三维实体

【例 8-3】三维到二维的转换过程。

（1）将三维实体沿+X 轴和+Z 轴方向各复制 1 份，单击"默认"标签→"修改"面板→"复制"按钮⊗，系统提示为：

命令: _copy
选择对象:选择三维实体，如图 8-21 中①所示的虚线
选择对象:↙（结束选择对象）
当前设置：　复制模式 = 多个
指定基点或 [位移(D)/模式(O)] <位移>:捕捉左前下角点，如图 8-21 中①所示
指定第二个点或 [阵列(A)] <使用第一个点作为位移>:鼠标沿+Z 轴方向移动适当的距离后单击，如图 8-21 中②所示
指定第二个点或 [阵列(A)/退出(E)/放弃(U)] <退出>:鼠标沿+X 轴方向移动适当的距离后单击，如图 8-21 中③所示
指定第二个点或 [阵列(A)/退出(E)/放弃(U)] <退出>:↙

图 8-21　复制三维实体

（2）将复制得到的实体沿+X 轴进行三维旋转。选择"修改(M)"→"三维操作(3)"→"三维旋转(R)"菜单命令，系统提示为：

命令: _3drotate
UCS 当前的正角方向: ANGDIR=逆时针 ANGBASE=0
选择对象:选择三维实体,如图 8-22 中①所示的虚线
选择对象:↙
指定基点:捕捉三维实体上的一个点,如图 8-22 中①所示
拾取旋转轴:单击图 8-22 中②所示圆环
指定角的起点或键入角度:90↙ (结果如图 8-22 中③所示)

图 8-22 沿+X 轴旋转三维实体

(3) 将复制得到的实体沿+Y 轴进行三维旋转。选择"修改(M)"→"三维操作(3)"→
"三维旋转(R)"菜单命令,系统提示为:

命令: _3drotate
UCS 当前的正角方向: ANGDIR=逆时针 ANGBASE=0
选择对象:选择三维实体,如图 8-23 中①所示的虚线
选择对象:↙
指定基点:捕捉三维实体上的一个点,如图 8-23 中①所示
拾取旋转轴:单击图 8-23 中②所示圆环
指定角的起点或键入角度:90↙ (结果如图 8-23 中③所示)

图 8-23 沿+Y 轴旋转三维实体

（4）改变视点。单击"视图"面板→"前视"按钮，如图 8-24 中①所示。单击"默认"标签→"修改"面板→"移动"按钮✛，系统提示为：

命令:_move
选择对象:选择三维实体，如图 8-24 中②所示的虚线
选择对象:✓
指定基点或 [位移(D)] <位移>:捕捉左上端点，如图 8-24 中③所示
指定第二个点或 <使用第一个点作为位移>:鼠标沿向下移动到适当的位置，注意保持相应的对齐关系，结果如图 8-24 中④所示

图 8-24　移动图形

8.4.3　图纸空间

（1）单击绘图工作区左下角的"布局 1"按钮，如图 8-25 中①所示，进入图纸空间。在图 8-25 所示的视口内双击，激活模型空间视口，结果如图 8-25 中②③所示。

图 8-25　激活模型空间视口

（2）单击"视图"面板→"西南等轴测"按钮，选择"绘图"→"建模"→"设置"→"轮廓"菜单命令，如图 8-26 中①~④所示，系统提示为：

命令:_solprof
选择对象:all✓

选择对象:↙
是否在单独的图层中显示隐藏的轮廓线？[是(Y)/否(N)] <是>:↙
是否将轮廓线投影到平面？[是(Y)/否(N)] <是>:↙
是否删除相切的边？[是(Y)/否(N)] <是>:↙（结果如图 8-26 中⑤所示）

图 8-26　提取轮廓线

（3）单击"默认"标签→"修改"面板→"删除"按钮 ，选择 3 个立体，删除之，结果如图 8-27 中①所示。单击绘图工作区左下角的"模型"按钮，如图 8-27 中②所示，进入模型空间。单击"视图"面板→"前视"按钮，结果如图 8-27 中③所示。

图 8-27　进入模型空间

（4）单击"默认"标签→"图层"面板→"图层特性"按钮，打开图层特性管理器，调整 PH-FAA 和 PV-FAA 的线型和线宽，如图 8-28 所示。

图 8-28　图层设置

（5）最后添加对称中心线，如图 8-29 所示。

图 8-29　三视图

8.5　剖切和切割实体

建立好的轴测图，可以进行剖切和切割，以及提取剖切面。

8.5.1　剖切

使用"剖切"命令可以切开现有实体并移去指定部分，从而创建新的实体，可以保留剖切实体的一半或全部。剖切实体保留原实体的图层和颜色特性。剖切实体的默认方法是：先指定三点定义剪切平面，然后选择要保留的部分。也可以通过其他对象、当前视图、Z 轴或 XY、YZ 或 ZX 平面来定义剪切平面。

（1）打开"三维轴测图.dwg"文件，单击"视图"面板→"西南等轴测"按钮，可见用户坐标的原点并不在所需剖切的位置，如图 8-30 中①所示。

（2）移动用户自定义坐标系。

命令:ucs↙
当前 UCS 名称: *世界*
输入选项

[新建(N)/移动(M)/正交(G)/上一个(P)/恢复(R)/保存(S)/删除(D)/应用(A)/?/世界(W)] <世界>:m↙
指定新原点或 [Z 向深度(Z)] <0,0,0>:捕捉圆心，坐标的位置如图8-30中②所示

图8-30 移动用户后的结果

（3）在命令行输入命令"sl"后按〈Enter〉键，系统提示为：

命令:sl↙
选择对象:单击三维实体↙
选择对象:↙
指定切面上的第一个点，依照 [对象(O)/Z 轴(Z)/视图(V)/XY 平面(XY)/YZ 平面(YZ)/ZX 平面(ZX)/三点(3)] <三点>:yz↙
指定 YZ 平面上的点 <0,0,0>:↙
在要保留的一侧指定点或 [保留两侧(B)]:指定要保留的一侧，结果如图8-31中①所示

图8-31 提取三维实体的剖面

8.5.2 切割

使用"切割"命令可以创建穿过三维实体的相交截面，结果可能是表示截面形状的二维对象或是在中间切断的三维实体。

（1）按快捷键〈Ctrl+Z〉，使实体恢复到剖切前的完整状态。

（2）在命令行输入命令"sec"后按〈Enter〉键，系统提示为：

命令:sec↙
选择对象:单击三维实体↙
选择对象:↙
指定截面上的第一个点，依照 [对象(O)/Z 轴(Z)/视图(V)/XY 平面(XY)/YZ 平面(YZ)/ZX
平面(ZX)/三点(3)] <三点>:yz↙
指定 YZ 平面上的点 <0,0,0>:↙

（3）在命令行输入命令"move"后按〈Enter〉键，系统提示为：

命令:move↙
选择对象:单击三维实体↙
选择对象:↙
指定基点或 [位移(D)] <位移>:捕捉圆心
指定第二个点或 <使用第一个点作为位移>:沿任意方向移动一段距离中移出图 8-31 中②所示的实体，
获得图 8-31 中③所示 R1 截面

8.6　三维轴测图的尺寸标注

尺寸标注都是二维的（X 和 Y 方向），三维轴测图尺寸标注的关键在于正确选择所要标注的形状特征面。三维轴测图的尺寸标注通常用用户坐标来实现。

尺寸标注也是按形体来标注的，这里标注形体的先后次序与建立模型时虽有不同，但最终的效果是一样的。

【例 8-4】完成图 8-32 所示的三维轴测图的尺寸标注。

图 8-32　标注三维轴测图的尺寸

（1）标注长 L 形体的尺寸。单击"视图"面板→"西南等轴测"按钮。单击"UCS"工具栏上的"UCS"按钮，系统提示为：

命令:UCS↙
当前 UCS 名称: *没有名称*
指定 UCS 的原点或 [面(F)/命名(NA)/对象(OB)/上一个(P)/视图(V)/世界(W)/X/Y/Z/Z 轴(ZA)] <世界>:
捕捉图 8-33 中①所示的角点
指定 X 轴上的点或 <接受>:捕捉图 8-33 中②所示的角点
指定 XY 平面上的点或 <接受>:捕捉图 8-33 中③所示的角点

单击"注释"标签→"标注"→"线性"按钮，标注出图 8-33 中④～⑥所示的尺寸。

图 8-33　标注长 L 形体的尺寸

（2）标注 L 形体的尺寸。执行以下命令：

命令:UCS↙

当前 UCS 名称: *没有名称*

指定 UCS 的原点或 [面(F)/命名(NA)/对象(OB)/上一个(P)/视图(V)/世界(W)/X/Y/Z/Z 轴(ZA)] <世界>:捕捉图 8-34 中①所示的角点

指定 X 轴上的点或 <接受>:捕捉图 8-34 中②所示的角点

指定 XY 平面上的点或 <接受>:捕捉图 8-34 中③所示的角点

单击"注释"标签→"标注"→"线性"按钮口，标注出图 8-34 中⑥～⑦所示的尺寸。单击"注释"标签→"标注"面板→"角度"按钮△，标注出图 8-34 中⑧所示的尺寸。

（3）标注 U 形体的纵向尺寸。执行以下命令：

命令:UCS↙

当前 UCS 名称: *没有名称*

指定 UCS 的原点或 [面(F)/命名(NA)/对象(OB)/上一个(P)/视图(V)/世界(W)/X/Y/Z/Z 轴(ZA)] <世界>:捕捉图 8-35 中①所示的角点

指定 X 轴上的点或 <接受>:捕捉图 8-35 中②所示的角点

指定 XY 平面上的点或 <接受>:捕捉图 8-35 中③所示的切点

单击"注释"标签→"标注"→"线性"按钮口，标注出图 8-35 中④⑤所示的尺寸。

图 8-34　标注 L 形体的尺寸　　　　图 8-35　标注 U 形体的纵向尺寸

226

（4）标注 U 形体的特征尺寸。执行以下命令：

命令:UCS↙
当前 UCS 名称: *没有名称*
指定 UCS 的原点或 [面(F)/命名(NA)/对象(OB)/上一个(P)/视图(V)/世界(W)/X/Y/Z/Z 轴(ZA)] <世界>:
捕捉图 8-36 中①所示的角点
　　指定 X 轴上的点或 <接受>:捕捉图 8-36 中②所示的角点
　　指定 XY 平面上的点或 <接受>:捕捉图 8-36 中③所示的切点

单击"注释"标签→"标注"→"线性"按钮▭ 和"半径"按钮◯，标注出图 8-36 中④～⑦所示的尺寸。

说明：标注 R12 时得先把中间的键槽孔补上并求和，标注后再求差挖去。

（5）标注竖板尺寸。执行以下命令：

命令:UCS↙
当前 UCS 名称: *没有名称*
指定 UCS 的原点或 [面(F)/命名(NA)/对象(OB)/上一个(P)/视图(V)/世界(W)/X/Y/Z/Z 轴(ZA)] <世界>:
捕捉图 8-37 中①所示的角点
　　指定 X 轴上的点或 <接受>:捕捉图 8-37 中②所示的角点
　　指定 XY 平面上的点或 <接受>:捕捉图 8-37 中③所示的切点

单击"注释"标签→"标注"→"线性"按钮▭，标注出图 8-37 中④所示的尺寸。

图 8-36　标注 U 形体的特征尺寸　　　　　　图 8-37　标注竖板尺寸

8.7　习题

1. 按尺寸绘制图 8-38 所示的三维轴测图。

图 8-38　三维轴测图

228

2. 用图 8-38f 所示的三维轴测图投影出图 8-39 所示的三视图。

3. 用图 8-38a 所示的三维轴测图进行剖切和切割，结果如图 8-40 所示。

图 8-39　用三维轴测图投影出三视图　　　　图 8-40　剖切后的三维实体及剖面

4. 根据图 8-41 所示的三视图，绘制三维轴测图并在其中标注尺寸。

图 8-41　三视图

第9章 零件图

本章介绍了绘图过程中的技巧及绘制零件图的一般流程和方法。

绘制机械零件图是绘制平面图形的一个综合性的应用。由于 AutoCAD 软件并不是一个专门用于绘制机械图形的 CAD 软件，因此为了提高绘制机械类图纸的速度，应该在进行绘图工作前做一些必要的设置及准备一些默认的图块。

9.1 绘图技巧

绘图过程中应用一些技巧可提高制图的效率和质量。

9.1.1 对象特性匹配

在绘图过程中来回切换图层是一件很烦琐的事情。可以先在 0 层中绘制所有图线，之后选择相应图线，再将其拖动到相应图层中。此外，还可以用对象特性匹配将源对象的属性（如颜色、线型、图层和线型比例等）传递给目标对象，操作时要选择两个对象，第一个是源对象，第二个是目标对象。

单击图 9-1 中①②所示的图标，可调出"特性匹配"按钮，如图 9-1 中③所示。单击该按钮，系统提示为：

Matchprop
命令:'_matchprop
选择源对象:选择对象，如图 9-1 中④所示。选择后，光标变成"刷子"形状
当前活动设置:颜色 图层 线型 线型比例 线宽 厚度 打印样式 标注 文字 填充图案 多段线 视口 表格材质 阴影显示 多重引线
选择目标对象或 [设置(S)]:选择要改变的对象，如图 9-1 中⑤所示
选择目标对象或 [设置(S)]:✓

图9-1　对象特性匹配

如果选择源对象后输入"S"选项，系统会弹出"特性设置"对话框，如图 9-2 所示。默认情况下，系统选中了对话框中的所有对象特性进行复制，也可以指定其中的部分特性传递给目标对象。

图 9-2 "特性设置"对话框

9.1.2 圆角命令的使用

在绘图过程中，经常需要对图形进行修剪。除了使用修剪命令之外，使用圆角命令也是对图形进行修剪的很好方法。AutoCAD 从 2004 版本起，将圆角命令的默认半径设置为 0。这样对于两个相交的直线，使用圆角命令选择需要保留的两段，即可很方便地修剪掉不需要的两段，如图 9-3 所示。使用圆角命令还可以将不相交的两条直线延伸至相交，读者可自行操作演练。倒角距离为 0 的倒角命令也具有相同作用。

图 9-3 圆角半径为 0

9.1.3 尺寸标注

在绘制完图形后，还需要对其进行标注。有 3 种标注方式。

（1）在模型空间标注以便在模型空间打印：这是与单视图图形一起使用的传统方式。使用这种标注方式要为打印创建缩放正确的标注，需要将 DIMSCALE 系统变量设置为反比于所需打印比例。例如，如果打印比例为 1/2，则设置 DIMSCALE 为 2。

（2）在模型空间标注以便在图纸空间打印：对于这种标注方式，如果布局中的视口不使用同一种缩放比例，还需要进行额外的设置。如图 9-4 所示，在该图中有一个局部放大图，其他视口的比例为 1:2，而该局部放大图的视口比例为 1:1。可以看到，除了视图放大之外，标注也被放大。

图 9-4　视口使用不同缩放比例

（3）在布局中标注：这是最简单的标注方法。通过选择模型空间对象，或通过在模型空间对象上指定对象捕捉位置在图纸空间创建标注。默认情况下，图纸空间标注和模型空间对象之间保持关联性。对于在布局中创建的标注，无须进行额外的缩放。如果视口比例发生变化，可使用 DIMREGEN 命令更新所有关联标注的位置，使关联标注的尺寸与所标注的对象重新对齐。这种标注方式也可以避免模型空间中的图形过于复杂。

这几种标注方法各有优缺点。在布局中放置尺寸虽然减少了操作的复杂程度，但并不是所有标注都能实现关联，如表面粗糙度符号有时候需要标注在尺寸界线上，如果使用 DIMREGEN 命令更新所有关联标注，表面粗糙度符号并不跟随一起变动位置。因此，在布局中标注更适合已经完成的、不需要做设计变动的情况。

这里建议，打印最好还是在布局中进行。这主要因为在页面设置中定义好所使用的图纸（如 A4 图纸）后，可以在布局中实时查看相应效果。由于在布局中打印使用两个比例，视口比例和打印比例，为减小操作的复杂程度，最好将打印比例设置为 1:1，只根据需要改变视口比例。如果整个布局只使用一个视口，可以在模型空间标注。此时注意将系统变量 DIMSCALE 设置为反比于视口比例。如果使用多个视口且各视口比例不同，最好在布局中进行标注。在本章所给的零件图例子中，将都在布局中进行标注。

9.1.4　布局

布局用于布置视口，视口用于显示模型空间中的内容。其主要设置包括布局所使用的页面设置、图框和标题栏。使用 acad.dwt 模板创建的文件包括两个布局，"布局 1"和"布局 2"。如果希望将最终创建的图纸加入到图纸集中，最好在图形文件中只包含一个布局。在"布局 2"按钮上右击，如图 9-5 中①所示，在弹出的快捷菜单中选择"删除"命令，如图 9-5 中②所示。弹出图 9-6 所示的对话框，单击"确定"按钮则可删除"布局 2"。

图 9-5 删除"布局 2"   图 9-6 确认删除

在图纸空间中，在"布局 1"按钮上右击，在弹出的快捷菜单中选择"页面设置管理器"命令，打开图 9-7 所示的"页面设置管理器"对话框。在该对话框中，可以单击"新建"按钮，建立多个命名页面设置，这样该布局就可以使用多种页面设置。

单击"修改"按钮，直接修改布局 1 的页面设置。在打开的"页面设置-布局 1"对话框中，选择所支持的打印机，"图纸尺寸"选择 A4，"打印样式表（画笔指定）"选择monochrome.ctb。该打印样式表文件为颜色相关打印样式表，它能将其他颜色都映射为黑色，这对于使用黑白打印机打印图纸的情况非常有用。其他设置如图 9-8 所示。

图 9-7 "页面设置管理器"对话框   图 9-8 修改布局 1 的页面设置

在布局中除放置视口外，还需要添加图框与标题栏。选择"图框"图层为当前层，使用RECTANG 命令绘制一个矩形作为图框。根据 A4 图纸尺寸（297×210），设置矩形的起始坐标为（15，2），终止坐标为（282，198）。

9.2 绘制零件图

在手工绘制零件图时，首先要布置视图，画出零件各个视图的基准线。但在 AutoCAD中绘图，由于可以使用"移动"命令整体移动视图，并不需要像手工绘图那样绘制各个视图的基准线。有时候为了保证视图之间的投影关系以及绘制辅助线条方便，还特意将两个视图放置得非常近。在绘制完后再布置各个视图。使用 AutoCAD 绘图的特点，用户可通过练习慢慢体会，但一定要注意零件图的基本原则，视图之间的投影关系一定要正确。

在绘制零件图的过程中，大量使用到了"偏移"和"修剪"等命令。下面以图 9-9 所示的泵盖为例来说明零件的绘制过程。其三维模型如图 9-10 所示。

图 9-9　泵盖

图 9-10　泵盖的三维模型

9.2.1　绘制图形

（1）单击"标准"工具栏上的"新建"按钮，以"A4 国标"样板文件创建一个新文件。

（2）以 0 层为当前层，绘制出竖直定位线，该直线长 90。以竖直定位线的中点为起点，绘制水平定位线，直线长 37。再使用"偏移"命令绘制出泵盖的外形草图。使用"圆"命令绘制出左视图泵盖外形。注意，在绘图过程中使用极轴对象追踪来保证投影关系的正确，如图 9-11 所示。

图 9-11　步骤 2 结果

（3）使用"修剪"命令及圆角半径为 0 的"圆角"命令，对主视图的外形轮廓草图进行修剪，得到外形轮廓。再使用"偏移"命令绘制出主视图从左至右分别为ϕ32、ϕ16、ϕ35 的三个孔的草图，如图 9-12 所示。

（4）使用"修剪"命令对三个孔的草图进行修剪，并绘制上端螺纹孔 M12 及右端ϕ10 孔的草图。

🖐 注意

如果按照实际尺寸绘制螺纹孔，在打印时很难显示出代表螺纹孔大径和小径的细实线和粗实线。因此，在绘图过程中通常设置其间隔为 1。结果如图 9-13 所示。

图 9-12　修剪草图　　　　　　　　　　　　　　　图 9-13　"偏移"线段

（5）使用"修剪"命令对上端螺纹孔 M12 及右端ϕ10 孔的草图进行修剪。在右视图中绘制 6 个沉孔的定位圆，并在主视图中绘制出沉孔的草图，如图 9-14 所示。

图 9-14 步骤 5 结果

（6）对沉孔的草图进行修剪，并在主视图绘制出螺纹孔的草图，如图 9-15 所示。

（7）对主视图中螺纹孔 M5 的草图进行修剪，并在左视图绘制出其相关投影，结果如图 9-16 所示。

图 9-15 步骤 6 结果   图 9-16 步骤 7 结果

（8）使用"阵列"命令环形阵列出 6 个沉孔和 3 个螺纹孔，并使用"倒角"命令倒出主视图上 2×45°的倒角，注意在左视图中绘制出倒角圆，结果如图 9-17 所示。

图 9-17 步骤 8 结果

（9）对于 6 个沉孔和 3 个螺纹孔，在左视图中的定位中心线绘出定位中心线的位置，如图 9-18a 所示，再选择"修改"→"拉长"菜单命令，选择要拉长的对象，用 DY(动态)选项得到相应长度之后，再使用"镜像"命令向左、向下镜像出其他定位中心线，如图 9-18b 所示。

a)   b)

图9-18　步骤9结果

a) 定位中心线位置　　b) 动态拉长并镜像

（10）将相应图线放置到相应图层。使用 LTSCALE 命令修改线型比例，本例中为 0.3。使用夹点编辑修改各中心线的长度。单击"绘图"工具栏上的"图案填充"按钮 ▨，对主视图进行图案填充。由于主视图是旋转剖，在左视图上绘制出剖切位置线，最后得到的结果如图9-19所示。

图9-19　步骤10结果

9.2.2　标注尺寸和技术要求

（1）切换到布局中，设定"视口"图层为当前层。选择 "视图"→"视口"→"一个视口"菜单命令，在布局的合适位置指定一个点，再指定对角点，创建一个视口。选择新创建的视口，此时"视口"工具栏的"视口缩放控制"中会显示出该视口当前的比例。从下拉列表中选择 1:1 视口比例。

（2）在布局中对图样进行尺寸标注。标注尺寸的方法有如下几种。

1）创建标注样式。

2）标注长度、基线型和连续型尺寸。

3）利用当前样式的覆盖方法标注直径和半径尺寸。

4）创建引线标注、尺寸公差标注和几何公差标注。

5）用关键点编辑方式调整标注文本位置。

6）用 DDEDIT 命令编辑标注的文本。

这里需要说明的是，对于主视图中 ⌀35 孔的标注，可以使用替代标注样式。这种情况在零件图或装配图中经常出现，如图 9-20 所示，图中有 4 个圆的直径标注，其中 3 个的文字对齐方式是与"尺寸线对齐"，只有 ⌀6 小圆的文字对齐方式是"水平"。此时不能直接修改对齐方式为"水平"，否则其他 3 个直径的对齐方式也会变为水平。为了避免这种冲突，需要在"标注样式管理器"对话框中单击"替代"按钮，并设置对齐方式为"水平"，标注完$\phi 6$ 小圆后再设置一直使用的标注样式为"当前"，删除之前创建的"替代标注样式"。对于本例，需要在"替代当前样式"对话框"直线"选项卡中勾选隐藏"尺寸线 1"和"尺寸界线 1"两个复选框（或者是隐藏尺寸线 2 或尺寸界线 2，这取决于标注尺寸界线圆点的标注顺序）。

图 9-20　替代标注样式

（3）切换到"技术要求"图层，在视图中插入表面粗糙度符号。对于视图中的几何公差的标注，一般使用快速引线。在命令行中输入"QLEADER"命令并按〈Enter〉键打开"引线设置"对话框，在"注释"选项卡中选择"公差"单选按钮。"引线和箭头"选项卡中的设置使用默认的设置即可满足要求。标注完尺寸，插入表面粗糙度符号及几何公差符号后的结果如图 9-21 所示。

图 9-21　泵盖的尺寸标注、表面粗糙度及几何公差

（4）在图样的右下角填写技术要求。最后双击标题栏，在打开的"增强属性编辑器"中修

238

改属性，结果如图 9-22 所示。最后结果如图 9-22 所示。单击快速启动工具栏的"保存"按钮 💾，在"图形另存为"对话框中输入零件名称"泵盖"，单击"保存"按钮，保存绘图结果。

技术要求
1. 未注倒角C2。
2. 未注铸造圆角R2~R3。

制图		泵盖	05			
校对			数量	1	比例	1:1
审核		HT200				

图 9-22　泵盖的技术要求及标题栏

9.3　习题

绘制图 9-23 所示的轴承盖并标注尺寸。其三维立体图如图 9-24 所示。

图 9-23　轴承盖

图 9-24　轴承盖立体图

第10章 装 配 图

本章介绍了装配图的特点、绘图方法、技巧及绘制装配图的一般流程和方法。

10.1 装配图的规定和绘图方法

装配图是表达产品或部件中部件与部件、部件与零件或零件之间连接的图样，包括组成件之间的装配关系、工作原理、结构情况、技术要求等。

装配图包括以下内容。

（1）一组视图：包括视图、剖视、断面等，用以表示组成件之间的装配关系、产品或部件的结构特点和工作原理，必要时，还应表达主要零件的结构形状。

（2）必要的尺寸：表示产品或部件的规格、性能、装配、连接、安装等方面的尺寸。

（3）技术要求：用文字或代号在装配图上说明对产品或部件的装配、试验、运输、包装和使用等方面的要求。

（4）编号、标题栏及明细栏：产品或部件及其各个组成部分，均应按照有关规定编写序号和代号，并应填写标题栏和明细栏。

由于装配图相对于零件图所表达的重点不同，因此装配图的表达方法也有所不同。根据装配图的要求还提出了一些规定和特殊的画法。

10.1.1 装配图的规定

1. 装配图的规定和特殊画法

（1）相邻两个零件的接触表面或配合表面，只画一条共有轮廓线；不接触表面或非配合表面，仍须保留各自的轮廓线，即使间隙很小，也必须画出两条线，必要时允许适当夸大画出。

（2）在剖视、断面图中，相邻两个零件的剖面线的方向应相反，或方向相同间距不同，但同一零件在各视图中的剖面线的方向和间隔必须一致。

（3）当剖切平面通过标准件（如螺钉、螺母、垫圈等）及实心体（如轴、手柄、连杆、销等）的轴线时，这些零件均按不剖绘制。当剖切平面垂直这些零件的轴线时，则应画出剖面线。

2. 装配图的特殊画法

（1）沿结合面剖切和拆卸画法：在装配图中，为了表达部件内部零件的装配情况，可假想沿某些零件的结合面剖切。

（2）假想画法：为了表达运动零件的极限位置或本部件与相邻零件之间的相互关系，可以用双点画线画出零件的极限位置或相邻零件的轮廓。

（3）夸大画法：在装配图中，若对一些薄片零件、细丝、弹簧等或按照它们的实际尺寸画，则很难表达清楚，这时允许对其夸大画出。

（4）单独画出某个零件：在装配图中，当个别零件的某些结构没有表达清楚时，可以单独画出该零件的视图，同时标明零件的视图序号及投影方向。

当然，装配图中还有其他特殊画法，如简化画法、展开画法等，这里不再详述。在绘制装配图的过程中，要注意装配图中的这些规定和特殊画法。

10.1.2 装配图的绘图方法

实际上，装配体的设计包括自下而上和自上而下两种设计方式。

（1）自下而上设计：是将现有的零件按照各零件之间的装配关系、相对位置安装成装配体的设计过程。自下而上的设计法是比较传统的方法，在装配之前需要先完成各个零件的设计工作。这种设计方式的优点是零部件是独立设计，构建速度快，有助于零部件的设计重用。缺点是零件间的尺寸配合无关联性。

（2）自上而下设计：是从装配体的设计方案出发，设计人员从零开始分工设计各个零件，直到最后完成装配体的设计过程。自上而下的设计方式符合人类的思维方式，在整个设计过程中，分担不同设计任务的设计人员都是从一个概念化的设计目标出发，分工完成设计任务，但在整个装配体中每个人的设计成果随时都可共享，相关零件的设计也可随时进行调整。

与此相对应，在 AutoCAD 中绘制装配图的方法也包括两种。一是从头开始直接绘制装配图，二是根据已经绘制的零件拼装装配图。对于直接绘制装配图，本书使用螺纹联接这个比较简单的实例来说明其绘制方法，在该实例中还重点介绍装配图中序号的标注方法和明细栏的绘制。对于根据零件图拼装装配图，使用管钳的例子来说明，主要介绍拼装装配图的方法、技巧及注意事项。

10.2 直接绘制二维装配图

图 10-1 所示为螺纹联接装配图，图 10-2～图 10-4 所示为螺纹联接中所使用的标准件，图 10-5 所示为螺纹联接中的板件。

图 10-1 螺纹联接装配图

图 10-2 螺栓

241

图 10-3 垫圈

件号	9	名称	垫圈	数量	1
代号	GB/T95-2002	材料	35	比例	

图 10-4 螺母

件号	1、6	名称	螺母	数量	1
代号	GB/T6170-2015	材料	35	比例	

图 10-5 螺纹联接中的板件

从头开始直接绘制装配图与绘制零件图类似，只是在绘图过程中需要注意绘图顺序，另外在绘图过程中不要一次绘制过多零件，以两到三个为宜。这样可以避免草图过于复杂给编辑工作带来不必要的麻烦。

在本例中可以先绘制两个被连接的板件，再绘制螺栓联接，具体绘图步骤为：

（1）单击"标准"工具栏上的"新建"按钮□，以之前创建的"A3.dwt"为样板文件创建一个新文件。

（2）使用直线、偏移、圆及夹点编辑，先绘制板件的草图，如图 10-6 所示。

（3）绘制螺栓，如图 10-7 所示。

⚠ 注意

相邻两个零件的剖面线方向应相反。

242

图 10-6　板件的草图

图 10-7　绘制螺栓

（4）绘制垫圈，如图 10-8 所示。

图 10-8　绘制垫圈

（5）绘制螺母，如图 10-1 所示。

（6）修改各中心线的长度，单击"保存"按钮 💾 保存绘图结果。到此为止，只完成了螺纹联接装配图的视图绘制工作，该装配图的其他工作将在后续章节中介绍。

10.3　装配图中的序号和代号

装配图中各个组成部分的编号分序号和代号两种。它们的编排和标注有一定的规则。

10.3.1 序号和代号的编排及标注方法

1. 序号和代号的编排

序号是按组成部分在装配图中的顺序所编排的号码，其先后顺序的编排应尽可能考虑到装配次序或组成部分的重要性。序号可按顺时针或逆时针的方向，按大小顺序排列成水平或垂直的整齐行列，如果整张图上无法连续，则可只在每个水平或垂直方向顺序排列。

代号是表明各组成件对产品从属关系的编号。

2. 序号和代号的标注方法

（1）同一装配图中相同的组成部分一般只编一个序号，而且只标注一次，若有必要，图中多次出现的相同部分可重复标注，其代号填写在明细栏中。

（2）标注序号时，可选取图 10-9a、b、c 所示的三种形式之一。当用图 10-9a 或 b 形式时，编号号码可以用比尺寸数字高度大一号的数字或大两号的数字，注写在水平线之上，如图 10-9a 所示，或圆圈之内，如图 10-9b 所示；当用图 10-9c 形式时，编号号码必须用比尺寸数字高度大两号的数字，注写在指引线附近。我国国家标准规定，水平线、圆圈和指引线全部用细实线绘制，其末端均必须画一小圆点。指引线应由所指部分的轮廓之内引出，如果所指部分为很薄的零件或涂黑的剖面，其末端不宜画小圆点时，改画箭头，并指向该部分的轮廓，如图 10-9d 所示。

图 10-9 序号的标注法（1）

a) 水平线形式　b) 圆圈形式　c) 指引线附近形式　d) 箭头形式

（3）指引线不能相交。当其通过画有剖面线的区域时，指引线应尽量不要与剖面线平行。必要时，指引线可以画成折线，但只能曲折一次。一组紧固件或装配关系明确的一组零件，允许采用一条共同的指引线，如图 10-10 所示。

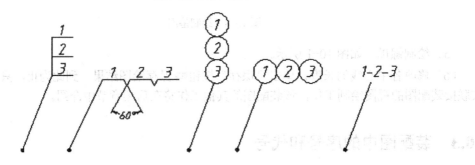

图 10-10 序号的标注法（2）

（4）同一装配图中，标注序号的形式应一致。

10.3.2　在 AutoCAD 中标注序号

（1）使用快速引线命令 QLEADER，可以绘制带有圆点的指引线。在命令行输入"qleader"并按〈Enter〉键后打开"引线设置"对话框。在该对话框的"引线和箭头"选项卡中，设置箭头类型为"点"，如图 10-11 所示。

图 10-11　设置箭头类型

（2）默认情况下，设置好之后该操作实际上添加了一个标注样式替代。选择"标注"→"标注样式"菜单命令，打开"标注样式管理器"对话框，可以看到该"样式替代"如图 10-12 所示。选择该"样式替代"，单击"修改"按钮，打开"替代当前样式"对话框，在"符号和箭头"选项卡中的"箭头大小"文本框中可以修改圆点大小。

图 10-12　"标注样式管理器"对话框

（3）对于序号为图 10-9b 所示的圆圈形式，可以设置引线的注释类型为"块参照"，如

图 10-13 所示。此时需要创建两个块，一个是圆圈在指引线的右方的块，另一个是圆圈在指引线左方的块。这里只介绍圆圈在指引线右方的块的创建步骤。

图 10-13　引线设置注释类型

（4）使用"圆"命令绘制 R5 的圆。在命令行执行"ATTDEF"命令或选择 "绘图"→"块"→"定义属性"菜单命令，使用"属性定义"对话框将"序号"定义成块的属性，如图 10-14 所示。定义属性的文字高度为 3.5，在放置属性标记的位置时需要注意使标记的第一个字符放置在圆圈的中心处。这是由于，在最后插入块时，属性值将替换属性标记，放置在属性标记所在的位置。

图 10-14　块的属性定义

（5）在命令行执行"BLOCK"命令或单击"绘图"工具栏上的"定义块"按钮，打开如图 10-15 所示"块定义"对话框。为以后插入块时方便，在定义块名时应尽量简单，此处给定块的名称为 R，表示圆圈在引线右方。定义块的基点为圆的左下角点，选择圆和属性两个对象作为块，单击"确定"按钮，完成块的定义。

图 10-15　块定义

（6）使用如上所述方法，将快速引线的箭头定义为"点"，注释类型定义为"块参照"，此时即可使用快速引线命令 QLEADER 来插入圆圈形序号了，系统提示为

```
命令:qleader↙
指定第一个引线点或 [设置(S)] <设置>:
指定下一点:指定引线的起点
指定下一点:指定引线的另一点
输入块名或 [?] <R>:按〈Enter〉键接受默认块名 R
单位: 毫米　转换:　1.0000
指定插入点或 [基点(B)/比例(S)/X/Y/Z/旋转(R)]:指定块的插入点，为引线的第二点
输入 X 比例因子，指定对角点，或 [角点(C)/XYZ(XYZ)] <1>:按〈Enter〉键接受比例因子 1
输入 Y 比例因子或 <使用 X 比例因子>:按〈Enter〉键接受比例因子 1
指定旋转角度 <0>:按〈Enter〉键接受旋转角度 0
输入属性值 请输入该零件序号 <1>:2↙（输入零件序号）
```

（7）对于圆圈在指引线左方的块，用户可自行建立，这里不再详述。使用上述方法在螺纹联接装配图的主视图上插入序号，结果如图 10-16 所示。

图 10-16　插入序号

需要指出的是，这种插入序号的方法并不是特别方便。实际上，先绘制没有注释类型的引线，再直接绘制圆圈，并在圆圈内添加单行文本，单击"修改"工具栏上的"复制"按钮 ，复制出其他圆圈，再双击修改圆圈内的单行文本更加方便。这里仅指出圆圈形式序号的一种实现方法。

10.4　装配图中的明细栏

装配图与零件图的另一个重要区别在于装配图必须有明细栏。明细栏应紧接在标题栏上方，一般包括序号、代号、名称、数量、材料、备注等内容，也可以在装配图外另制明细栏。填写明细栏时应注意：

（1）在装配图中，明细栏中"序号"一格应自下向上顺序填写，并应与装配图中各组成部分所引出的序号一致。根据图纸的布局情况，允许将明细栏分段连续排列。

（2）明细栏中"代号"一格，应填写各组成部分的代号，对于螺钉、螺母等标准件可填写标准号。

（3）在明细栏中的"名称"一格中，对于一些标准件和外购件等，除填写名称外，还应填写型号与规格，如对于螺栓可填写"螺栓 M8×45"。

使用 LINE 命令直接绘制明细栏，再向其中添加单行文本或多行文本的方法非常简单，这里不再叙述。实际上，使用 AutoCAD 提供的 TABLE（表格）命令可以非常方便地创建明细栏。

目前，各个工厂、单位所使用的明细栏格式各有不同。但只要掌握了表格的操作方法即可很容易地创建各种样式的明细栏。使用表格创建明细栏的好处在于，创建方便、快捷、可以很方便地编辑表格中的文字并调整其对齐方式。缺点是表格中的文字高度受到单元格高度的限制。

10.5　根据已有零件拼装二维装配图

如果之前已经绘制好了组成装配体的各个零件的零件图，那么可根据这些零件图拼装成装配图，不需要从头开始一步步绘制。

装配可以有效地检查配合尺寸的正确性，以避免干涉情况的发生。拼画装配图的方法如下。

（1）创建一个新的装配文件。

（2）打开要进行装配的文件，关闭尺寸和标题栏图层，将所需的图形做成图块插入到装配文件中或者用复制粘贴等功能将零件图复制到装配文件中。

（3）利用 MOVE 命令将图形组合在一起。

（4）必要时分解图形后用 TRIM 命令编辑图形。

（5）添加必要的视图或者线段等。

10.5.1　导入零件图的方法

根据已有零件图拼装装配图，首要的工作是将已有零件图导入到所绘制的装配图中。这里介绍两种方法。

1．使用设计中心导入

AutoCAD 提供的设计中心用来在各个 DWG 文件中共享信息，如图 10-17 所示。

图 10-17　设计中心

整个"设计中心"窗口由两部分组成，左侧为树状图，右侧为内容区。如果在树状图中选择的是文件夹，则右侧内容区显示该文件夹所包含 DWG 文件的图形图标；如果在树状图中选择的是 DWG 文件，则右侧内容区显示该文件所包含的命名对象，如图层、标注样式等；如果在树状图中选择的是具体的命名对象，如图层，则内容区显示该命名对象所包含的具体项目，可以将内容区中的这些项目拖动到当前图形中，以共享这些信息。

在内容区显示为其他 DWG 文件的图形图标时，可以将其他图形整个模型空间的内容拖动到当前图形中。这里需要注意的是，如果将原图形从设计中心拖动到当前图形的绘图区域，则原图形将作为一个块插入；如果将图形图标从设计中心的内容区拖动到绘图区域以外的任何位置，将打开该图形。

将原图形作为一个块插入时，将插入该图形所有模型空间中的内容，因此当模型空间包含尺寸标注、技术要求等内容时，插入后还要将这些内容删除，非常不方便。此时一个可行的方法是，在相应的零件文件中，将需要导入到装配图文件中的内容做成一个块，然后使用设计中心将该块导入到装配图中。这里以"螺杆"为例，介绍其具体操作过程。

（1）打开相应的文件"螺杆.dwg"文件。单击"默认"标签→"图层"面板→"图层特性"按钮，如图 10-18 中①所示。系统弹出"图层特性管理器"对话框，关闭"尺寸"和"标题栏"两个图层，如图 10-18 中②③所示。由于螺杆只有主视图需要在装配图中使用，因此在制作块时，只选取主视图的相关内容，但要先单击"删除"按钮，再选择主视图中的圆（如图 10-18 中④⑤所示），将其删除。

图 10-18　关闭图层并删除圆

（2）单击"插入"标签→"块"面板→"创建块"按钮，如图 10-19 中①②所示。在打开的"块定义"对话框中，输入块的名称"螺杆 3"，如图 10-19 中③所示。单击"拾取点"按钮🔳，选择插入点，如图 10-19 中④⑤所示。单击"选择对象"按钮🔳，选择主视图中块所包含的相关图形，如图 10-19 中⑥⑦所示。单击"确定"按钮，完成块定义。单击"保存"按钮💾，保存该文件。

（3）在装配图文件中，按〈Ctrl+2〉快捷键，打开设计中心，浏览到保存的"螺杆 3.dwg"文件，在树状图中选择该文件下的块，如图 10-19 中⑧所示。此时在内容区显示出该文件包含的所有块。可以看到之前创建的图块"螺杆 3"即在内容区中，如图 10-19 中⑨所示。

图 10-19　设计中心内容区中的图块

（4）将图块"螺杆 3"从设计中心的内容区拖到装配图文件的绘图区域中，即可实现插入螺杆零件的目的。

当然，如果零件图的模型空间不包括尺寸标注等内容，则可以直接从设计中心将该文件导入到装配图文件中。

2. 使用复制粘贴导入

将零件图中的相关内容导入到装配图中另一个方法是使用复制和粘贴命令。其具体方法非常简单，打开零件图文件，锁定并关闭相关图层，使用窗口或交叉窗口方式选择要导入到装配图文件中的图形。按〈Ctrl+C〉快捷键复制这些图形到剪贴板。在打开的装配图文件中使用〈Ctrl+V〉快捷键将相关图形从剪贴板粘贴到装配图形文件中。

在将相关图形导入到装配图中后，通常将其做成一个图块。制作成图块的优点在于，当选择该块时，这些图形将作为一个块对象高亮显示，可以很清楚将这些图形与原来装配图中的图形区别开来。

实际上，此时制作图块的目的仅仅是为了查看。在查看完之后，一般情况下还需要将该块分解，以便对其进行修剪，去掉被其他零件遮挡住的线条。

这里介绍一种不需要制作图块就可以进行查看的方法。在进行装配图拼装的过程中，通常先选择相关零件的图形，之后使用 MOVE 命令将其移动到零件正确的装配位置。在此移动过程中，移动零件的相关图形已经被加入到选择集中，移动到正确的装配位置以后，使用 SELECT 命令的 P 选项（前一个选择集），就可以将属于该零件的图形高亮显示。用户可自行操作，查看其效果。需要注意的是，选择集是一直在改变的。即如果使用修改命令对其他对象进行操作，则选择集就不再是该零件的图形了。

以上介绍的这些方法各有利弊，用户可根据自己的需求选用，如果使用设计中心将零件作为图块插入到装配图中，建议最后使用清理命令清理掉这些不再使用的图块。选择"文件"→"绘图实用程序"→"清理"菜单命令，或直接在命令行中执行 PURGE 命令，打开图 10-20 所示的"清理"对话框，在该对话框中选择相应的图块，单击"清理"按钮即可。

10.5.2 拼装管钳

图 10-20 "清理"对话框

根据已有零件图拼装二维装配图，整个拼装过程中需要注意两点。

（1）拼装零件的顺序。在拼装过程中应尽可能地按照零件的实际装配顺序拼装。

（2）零件正确的装配位置。即确定零件从一点移动到另一点时定位点的位置。

这里以管钳为例来详细介绍根据已有零件拼装装配图的过程步骤。管钳的二维装配图如图 10-21 所示。管钳的零件图如图 10-22 所示。管钳的三维装配图如图 10-23 所示。管钳的工作原理示意图如素材文件中。管钳是一种常见的机械，广泛应用于各个行业的生产设备中。现在以这种小型机器为例，介绍其装配图的绘制过程。

图 10-21　管钳二维装配图

图 10-22　管钳零件图

图 10-23　管钳三维装配图

（1）打开"A3"样板文件创建一个新装配文件，并将该文件保存为"管钳.dwg"。

（2）将素材文件中的删除了 2 条过渡线的"钳座"主视图导入到装配图中，如图 10-24 所示。

（3）将素材文件中"滑块"零件图导入到装配图中，定位点如图 10-25 所示。

图 10-24　导入"钳座"主视图

图 10-25　导入"滑块"

（4）单击"默认"标签→"修改"面板→"移动"按钮 ✛，将"滑块"垂直向下移动 24.88，如图 10-26 所示。

（5）将素材文件中相应章节文件中的"螺杆"导入到装配图中，单击"修改"工具栏上的"旋转"按钮 ⟳，将其顺时针旋转 90°，使用 MOVE 命令将其放置在"滑块"的相应位置，定位点如图 10-27 所示。

图 10-26 移动图形　　　　　　　　　　图 10-27 导入"螺杆"

（6）使用 TRIM 命令修剪掉"钳座"被"螺杆"遮挡住的图线，如图 10-28 所示。

（7）将图形放大，添加表示螺纹大小径的线段共 4 条，如图 10-29 所示。

图 10-28 修剪线段　　　　　　　　　　图 10-29 添加线段

（8）将素材文件中相应章节文件中的"手柄杆"导入到装配图中。其定位点如图 10-30 所示。

图 10-30 插入"手柄杆"

（9）单击"默认"标签→"修改"面板→"修剪"按钮，修剪掉"螺杆"被"手柄杆"遮挡住的图线，如图 10-31 所示。

图 10-31 修剪线段

（10）将素材文件中相应章节文件中的"套圈"导入到装配图中，其定位点如图 10-32 所示。

图 10-32　插入"套圈"

（11）添加局部剖视图，注意剖面线选择粗实线，如图 10-33 所示。注意相同的零件的剖面线的方向及间隔保持一致，相邻两个零件的剖面线尽量相反或者间隔不一样。

（12）添加两个圆柱销的剖面线，如图 10-34 所示。

图 10-33　添加局部剖视图

图 10-34　添加圆柱销剖面线

（13）移动"滑块"到钳座的正下方，注意投影关系。将"滑块"的剖视图由图 10-34 中①所示的图形修改为图 10-35 中②所示的图形，即装配后的图形。

（14）手工添加俯视钳座的断面图，如图 10-36 所示。

图 10-35　修改"滑块"的剖视图

图 10-36　添加俯视钳座的断面图

（15）手工添加螺杆的俯视投影，如图 10-37 所示。

（16）手工添加剖切位置和断面图的名称，如图 10-38 所示。

图 10-37　添加螺杆的俯视投影

图 10-38　手工添加剖切符号

（17）添加序号。这里使用水平线形式的序号。单击"注释"标签→"引线"面板→"多重引线样式管理器"按钮，如图 10-39 中①②所示。在系统弹出的"多重引线样式管理器"对话框中单击"新建"按钮，如图 10-39 中③所示。在系统弹出的"创建新多重引线样式"对话框中单击"继续"按钮，如图 10-39 中④所示。

图 10-39　新建引线样式

（18）在系统弹出的"修改新多重引线样式：副本 Standard"对话框中进行设置，如图 10-40 中①～⑨所示。单击"确定"按钮，完成块定义。

图 10-40　设置引线样式

（19）单击"注释"标签→"引线"面板→"多重引线"按钮，如图 10-41 中①②所示。在绘图区单击 2 点确定文字的输入范围后输入序号"1"，如图 10-41 中③所示。移动鼠标到相应的零件上单击，如图 10-41 中④所示。类似地完成所有零件的序号标注，结果如图 10-42 所示。

图 10-41　标注序号

图 10-42　序号标注完的情况

（20）用表格或者复制建立明细栏并填写内容和标题栏。结果如图 10-43 所示。到此为止，管钳已经装配完成。用户可以从以上步骤中体会到根据已有零件拼装图的方法和技巧。

6	P0505	滑　块	1	ZL3	
5	GB/T119.2—2000	销B3×24	1	35	
4	P0504	螺　杆	1	Q235-A	
3	P0503	钳　座	1	ZL3	
2	P0502	手柄杆	1	Q235-A	
1	P0501	套　圈	1	Q235-A	
序号	代　　号	名　　称	数量	材　料	备注
制图	江　江	09.7	管　钳	P-0500	
校对				数量	1	比例	1:1
审校			材　料	江苏林业机械厂	

图 10-43　明细栏

256

10.6 创建管钳图纸集

图纸，集顾名思义，是图纸的集合。但要注意，这里的图纸实际上是指 DWG 图形文件中的布局。AutoCAD 提供的图纸集管理器功能可以非常方便地管理一个产品的所有图纸，可以将这些图纸都放在图纸集管理器中进行统一管理。使用图纸集管理器还可以非常方便地打印、发布或归档整个图纸集。

指定的图形文件的"布局"将输入到图纸集中。用于定义图纸集的关联和信息存储在图纸集数据（dst）文件中。在创建图纸之前，应完成以下准备工作。

（1）合并图形文件：将要在图纸集中使用的图形文件移动到几个文件夹中，这样可以简化图纸集管理。

（2）尽量避免多个布局选项卡：要在图纸集中使用的每个图形最好只包含一个布局，该布局将用作图纸集中的图纸。

（3）建立图纸创建样板：建立或指定图纸集用来创建新图纸的图形样板（dwt）文件。该图形样板文件被称作图纸创建样板。可以在"图纸集特性"对话框或"子集特性"对话框中指定此样板文件。

（4）页面设置替代文件：创建或指定 dwt 文件来存储页面设置，以便打印和发布。该页面设置替代文件可用于将一种页面设置应用到图纸集中的所有图纸，并替代存储在每个图形中的各个页面设置。

ⓘ 注意

虽然可以使用同一个图形文件中的几个布局作为图纸集中的不同图纸，但建议不要这样做。由于一次只能在一个图形中打开一张图纸，图形文件的多个布局可能会使多个用户无法同时访问每个布局，还会减少管理选项并使图纸集整理工作变得复杂。

系统提供了以下两种方法创建图纸集。

（1）从图纸集样例创建图纸集。

在向导中，可以选择从"图纸集样例"来创建图纸集，该样例可以提供新图纸集的组织结构和默认设置。使用该样例还可以指定根据图纸集的子集存储路径创建文件夹。通常使用这种方法来创建空图纸集，然后可以单独地输入布局或创建图纸。

（2）从现有图形文件创建图纸集。

在向导中，还可以选择从现有图形文件创建图纸集，此时需要指定一个或多个包含图形文件的文件夹。使用这种方法创建图纸集，可以指定让图纸集的子集组织复制图形文件的文件夹结构。即使用文件夹结构来创建图纸集的子集。文件夹中图形的布局可自动输入到图纸集中。

这里只介绍从现有图形文件创建图纸集的过程步骤。从图纸集样例创建图纸集的过程非常简单，用户可自行操作练习。创建减速箱图纸集的过程步骤如下。

（1）从现有图形文件创建图纸集时，需要指定一个或多个包含图形文件的文件夹。按图 10-44 所示，整理管钳图形文件所在的文件夹结构。其中管钳所包含的用于拼装装配图的图形图块文件整理在"图形图块"文件夹内；装配图形文件整理在"装配图"文件夹内；零件图形文件整理在"零件图"文件夹内。3 个文件夹都包含在"管钳实例"文件夹内。

图 10-44　管钳图形的文件夹结构

（2）选择"文件"→"新建图纸集"菜单命令，在打开的图 10-45 所示的"创建图纸集-开始"对话框中，单击"现有图形"单选按钮。单击"下一步"按钮。

图 10-45　"创建图纸集-开始"对话框

（3）在"创建图纸集-图纸集详细信息"对话框中，输入图纸集的名称和说明，如图 10-46 中①②所示。注意，图纸集数据文件（dst）应尽量与项目的图形文件保存在同一文件夹内，可单击"浏览"按钮 ，如图 10-46 中③所示。浏览到保存图形文件的"管钳实例"文件夹。单击"下一步"按钮。

图 10-46　"创建图纸集-图纸集详细信息"对话框

（4）在"创建图纸集-选择布局"对话框中，单击"浏览"按钮，浏览到保存减速箱图形文件的文件夹，如图 10-47 所示。单击"输入选项"按钮，打开图 10-48 所示的"输入选项"对话框，勾选 3 个复选框。在"创建图纸集-选择布局"对话框中，单击"下一步"按钮。

图 10-47　浏览文件夹

图 10-48　"输入选项"对话框

（5）"创建图纸集-确认"对话框中是关于图纸集信息的预览，如图 10-49 所示，单击"完成"按钮，完成从图纸集样例创建图纸集的过程。

图 10-49　"创建图纸集-确认"对话框

（6）系统打开图纸集管理器，如图 10-50 所示。可以看到，图纸集管理器包括 3 个选项卡，"图纸列表""图纸视图"和"模型现图"。系统提供了"子集"和"类别"的层次结构来管理图纸集。可以将"图纸布局"整理到称作"子集"的集合中。可以将"视图"整理到称作"类别"的集合中。这里要注意理解两个概念："子集"和"类别"。"子集"管理的是图形文件的布局，"类别"管理的是图纸视图（命名视图或视口）。对于图纸视图可以按"类别"和"图纸"两种方法查看。

图 10-50　管钳图纸集

图纸子集通常与某个主题相关联。在某些情况下，创建与查看状态或完成状态相关联的子集可能会很有用处。可以根据需要将子集嵌套到其他子集中。创建或输入图纸或子集后，可以通过在树状图中拖动对它们进行重排序。

创建子集的方法是，在图纸集顶层节点或某一子集节点上右击，在弹出的快捷菜单中选择"新建子集"命令。在打开的图 10-51 所示的"子集特性"对话框中输入"子集名称"，确认存储该子集图形 dwg 文件的文件夹及确定创建子集图纸的样板文件，单击"确定"按钮即可。

在创建图纸集的过程中，若在"输入选项"对话框中勾选了"根据文件夹结构创建子集"复选框，则创建的管钳图纸集自动包含了"图形图块""装配图"和"零件图"3 个子集。

图 10-51　"子集特性"对话框

删除子集的操作过程为：在图纸集管理器的"图纸列表"选项卡中，首先将子集中的所有图纸拖出该子集，在要删除的子集上右击，在弹出的快捷菜单中选择"删除子集"命令。删除子集不会删除相应的图形文件，也不会删除图形文件中的图纸。

在相应子集上右击，在弹出的快捷菜单中选择"重命名子集"和"特性"命令都可以为子集重新命名。

图纸集管理器的"视图列表"选项卡用来管理类别。类别管理的是图纸视图。注意，这里的图纸视图指的是布局中的命名视图或者视口。类别通常与功能相关联。系统提供了按类别和图纸两种方法来显示视图，对应于图纸集管理器上的"按类别查看"按钮和"按图纸查看"按钮。

10.7　习题

1. 根据图 10-52 所示的低速滑轮装置零件图，拼绘"低速滑轮装置"装配图，如图 10-53 所示。标准件请查阅相关的资料获得。

图 10-52　"低速滑轮装置"零件图

a) 滑轮　b) 托架　c) 心轴　d)衬套

6	GB/T6170-2000	螺母M10	1		
5	GB/T97.1-2002	垫圈A10	1		
4		心轴	1		
3		滑轮	1		
2		衬套	1		
1		托架	1	HT200	
序号	代 号	名 称	数量	材料	备 注

图 10-53　"低速滑轮装置"装配图

2. 根据所绘零件图拼绘一级齿轮减速器装配图，如图 10-54 所示。其明细栏如图 10-55 所示。相关零件图请参阅相应的素材文件。

图 10-54　一级齿轮减速器装配图

36		垫片	1	压轴承
35	GB/T 67-2000	螺钉M3×10	4	Q235A
34		通气塞	1	Q235A
33		视孔盖	1	Q235A
32	GB/T 97.1-2002	垫圈A10	1	Q235A
31	GB/T 6170-2000	螺母M10	1	Q235A
30	GB/T 117-2000	圆锥销3×18	2	45
29	GB/T 5782-2000	螺栓M8×65	4	Q235A
28	GB/T 818-2000	螺钉M3×14	3	Q235A
27		小盖	1	HT150
26		油面指示片	1	有机玻璃
25		垫片	1	毛毡
24		压光片	1	钢
23		小轴封圈	1	毛毡
22		小端盖	1	HT150
21	m=2,z=15	齿轮轴	1	45
20		挡油环	2	Q235A

19	GB/T 276-1994	轴承6204	2	
18		小轴调整环	1	Q235A
17		小闷盖	1	HT150
16		轴	1	45
15		大轴封封圈	1	毛毡
14		大闷盖	1	HT150
13	GB/T 276-1994	轴承6206	2	
12	m=2,z=55	齿轮	1	45
11	GB/T 1096-2003	键A10×22	1	45
10		套筒	1	Q235A
9		大轴调整环	1	Q235A
8		大闷盖	1	HT150
7		箱体	1	HT150
6		螺塞	1	Q235A
5	ZB71-82	封油油圈	1	
4	GB/T 93-2000	弹簧垫圈	6	Q235A
3	GB/T 6170-2000	螺母M8	6	Q235A
2	GB/T 5782-2000	螺栓M8×25	2	Q235A
1		箱盖	1	HT150
序号	代　　号	名　　　　称	数量	材料	备注
制图		减速箱			
校对			数量		比例 1:1
审核					

图 10-55　明细栏

262

第11章 打 印

AutoCAD 的打印功能非常强大，本章通过实例介绍了打印输出图形时的各种设置和选项，以及在模型空间打印、在图纸空间打印和批量打印等最基本的内容。

11.1 在模型空间打印

下面通过一个例子来说明如何在模型空间进行打印。用 A4 纸来打印图 11-1 所示的图形。

图 11-1 模型空间打印例图

单击快速访问工具栏上的"打印"按钮 ，或者在"模型"按钮或"布局"选项卡上右击（如图 11-2 中①所示），从弹出的快捷菜单中选择"页面设置管理器"命令（如图 11-2 中②所示），单击"新建"按钮（如图 11-2 中③所示），弹出"新建页面设置"对话框，单击"确定"按钮，如图 11-2 中④所示，均可打开"打印"对话框。

图 11-2 打开"打印"对话框的方式

在"打印-模型"对话框中，需要进行下列操作。

（1）选择打印机/绘图仪。单击"名称"下拉列表框右边的下拉箭头，在下拉列表中选择打印机（打印机驱动程序应该事先安装好），如图11-3中①所示。

图11-3 "打印-模型"对话框

（2）选择图纸尺寸。单击"图纸尺寸"下拉列表框右边的下拉箭头，在下拉列表中选择"A4"，如图11-3中②所示。

（3）确定打印区域。单击"打印范围"下拉列表框右边的下拉箭头，在下拉列表中选择"范围"，如图11-3中③所示。

（4）设置打印偏移。勾选"居中打印"复选框，如图11-3中④所示。

（5）设置打印比例。勾选"布满图纸"复选框，如图11-3中⑤所示。

（6）选择图形方向。在"图形方向"选项组中，单击"横向"单选按钮，如图 11-3 中⑥所示。

（7）选择单位。选择"毫米"，如图 11-3 中⑦所示。如果图形由公制模板文件（如acadiso.dwt）建立，则默认设置为毫米；如果图形由英制模板文件（如 acad.dwt）建立，则默认设置为英寸。"像素"仅在选择了光栅输出时才可用。

（8）选择打印样式表（笔指定）。单击"打印样式表（笔指定）"下拉列表框右边的下拉箭头，在下拉列表框中选择"monochrome.ctb"（黑白打印），如图 11-3 中⑧所示。弹出图 11-4 所示的"问题"对话框，单击"否"按钮，退出该对话框。

（9）预览。单击"打印-模型"对话框左下角的"浏览"按钮，预览的效果如图 11-5 所示。

图11-4 "问题"对话框

图 11-5　预览的效果

（10）打印。在预览窗口中，单击左上角工具栏中的"打印"按钮🖶，进行打印。或按〈Esc〉键返回"打印-模型"对话框，单击"确定"按钮，进行打印。

说明：在审阅草图时，一般不需要精确的比例。在"打印比例"选项组中，应该选择"布满图纸"复选框进行打印。如果要设置精确的比例，在"打印比例"选项组中，应取消"布满图纸"复选框的勾选，根据图纸的尺寸设置适当的打印比例。本例图形宽度为 800m，A4 纸宽度为 297m，如图 11-1 所示。用 1：5 的打印比例打印到图纸上的尺寸为 160m，如图 11-6 所示。

图 11-6　设置打印比例

其他设置保持不变，单击"预览"按钮，会弹出"打印-打印比例确认"对话框，如图 11-7 所示，单击"继续"按钮。预览的效果如图 11-8 所示。

图 11-7　"打印-打印比例确认"对话框

图 11-8　打印比例为 1：5 时的预览效果

在预览窗口中，单击左上角工具栏中的"打印"按钮🖶，进行打印或按〈Esc〉键返回"打印-模型"对话框，单击"确定"按钮进行打印。

如果要打印图形的一部分（通常是几个图形画在同一个 DWG 文件中时），"打印范围"应该选择"窗口"，按 AutoCAD 命令行提示选择两个角点，即可完成打印图形一部分的工作（其他设置同前）。

11.2 在图纸空间打印

本节通过一个例子来说明如何运用图纸空间进行打印。

现在用 A4 纸来打印图 11-9 所示的图形，根据图的尺寸，可以设置打印比例为 2∶1。

（1）将系统变量 PLOTOFFSET 设置为 1（如已设置过，就不必再进行设置）。

命令:PLOTOFFSET✓
输入 PLOTOFFSET 的新值 <0>:1✓

（2）单击"布局 1"选项卡，进入图纸空间，如图 11-10 所示。图中最外面的长方形为图纸，虚线长方形框内为可打印区域，虚线长方形框外为不可打印区域，内部小长方形为视口线。

图 11-9 打印例题

图 11-10 布局

（3）在"布局 1"上右击，在弹出的快捷菜单中选择"页面设置管理器"命令，如图 11-11 所示。在系统弹出的"页面设置管理器"对话框中单击"修改"按钮，如图 11-12 所示。

图 11-11 布局的快捷菜单

图 11-12 "页面设置管理器"对话框

（4）打开"打印-布局 1"对话框，如图 11-13 所示。在"打印机/绘图仪"选项组中的"名称"下拉列表中选择打印机，在"图纸尺寸"选项组中选择图纸尺寸，在"打印偏移（原点设置在布局边框）"选项组中将 X、Y 的值设置为 0（将坐标原点设在图纸的左下角），在"图形方向"选项组中选择合适的方向，并勾选"上下颠倒打印"复选框。单击"确定"按钮，退出"打印-布局 1"对话框。回到"页面设置管理器"对话框，单击"关闭"按钮，退出"页面设置管理器"对话框。

图 11-13 "打印-布局 1"对话框

（5）如图 11-14 所示，进入图纸空间，单击长方形视口线，这时出现夹点，按〈Delete〉键将视口删除，如图 11-15 所示。

图 11-14 删除视口前的布局

图 11-15 删除视口后的布局

（6）新建一个图层，设置线宽为 0.8mm，并置为当前层，画一个长方形图框。结果如图 11-16 所示。

命令:rec✓
RECTANG
指定第一个角点或 [倒角(C)/标高(E)/圆角(F)/厚度(T)/宽度(W)]:10,10✓
指定另一个角点或 [面积(A)/尺寸(D)/旋转(R)]:@277,190✓

ⓘ 注意

对于不需要装订的图纸，图框距离纸边的距离为 10mm，如果用 A4 图纸（297mm×210mm），则图框的长宽分别为（297-20）mm 和（210-20）mm。对于需要装订的图纸或其他尺寸的图纸，可用同样的方法来计算图框的尺寸。

图 11-16　绘制图框

（7）重建视口，如图 11-17 所示。

命令: vports✓
指定视口的角点或
[开(ON)/关(OFF)/布满(F)/着色打印(S)/锁定(L)/对象(O)/多边形(P)/恢复(R)/2/3/4]<布满>:o✓
选择要剪切视口的对象:选择长方形图框
正在重生成模型

图 11-17　图框转化为视口

（8）调出"视口"工具栏，在图纸空间单击视口线，选择视口，在"视口"工具栏的下拉列表框中选择比例为"2∶1"，如图 11-18 所示。也可选择视口，用〈Ctrl+1〉快捷键调出"属性"对话框，将其"标准比例"由"自定义"改为"2:1"，如图 11-19 所示。

图 11-18　用视口工具栏调节比例　　　　　　图 11-19　用视口的"属性"对话框调节比例

（9）用插入块的方法插入标题栏（要事先准备好）。如图 11-20 所示，如果标题栏块为普通块，则勾选"分解"复选框；若是属性块，则不要勾选"分解"复选框。

图 11-20　"插入"对话框

（10）插入图块，如图 11-21 所示。编辑所要修改的文字（属性块在插入时修改）。

图 11-21　插入标题栏

269

（11）在视口内双击，则"图纸"选项卡就成了"模型"选项卡。原来较细的视口线就得较粗，这时可以对图形进行编辑（常常要用移动命令调整图形的位置进行标注或修改标注），如图11-22所示。

图11-22　编辑图形

（12）用命令D进行标注设置，保证不论以何比例打印出图，字高保持不变。如图11-23所示，打开"标注样式管理器"对话框，单击"修改"按钮。

图11-23　标注样式管理器

（13）弹出"修改标注样式：ISO-25"对话框，如图11-24所示，激活"调整"选项卡，在"标注特征比例"选项组中，设置"使用全局比例"为"0.5"。单击"确定"按钮，退出"修改标注样式：ISO-25"对话框，回到"标注样式管理器"对话框，再单击"关闭"按钮，退出"标注样式管理器"对话框。

注意

全局比例值和视口比例值互为倒数，若视口比例为1∶100，则全局比例值为100。

图 11-24　修改全局比例

（14）用命令 Linetpye 打开"线型管理器"对话框，如图 11-25 所示。取消对"缩放时使用图纸空间单位"复选框的勾选，修改"全局比例因子"，如原来为 0.1，现在改为 0.1×0.5=0.05。单击"确定"按钮，退出"线型管理器"对话框。

注意

0.5 这个系数同标注中的"使用全局比例"值相同，若视口比例为 1∶100，则该系数为 100。

图 11-25　线型管理器

（15）现在各项设置均已完成，如图 11-26 所示。

图 11-26　完成设置

（16）单击快速访问工具栏上的"打印"按钮![]，打开"打印-布局 1"对话框，如图 11-27 所示，单击"确定"按钮，即可进行打印。

图 11-27　"打印-布局 1"对话框

❖ 小技巧

在绘图时，常常要用各种色彩，而打印出图时，往往只进行黑白打印，这时只需要在以上设置的基础上，再在"打印"对话框中的"打印样式表"下拉列表中选择"monchrome.ctb"，问题就迎刃而解了，如图 11-28 所示。

图 11-28　黑白打印设置

11.3　批量打印

本节通过一个实例来说明如何进行批量打印，步骤如下。

（1）先对要打印的文件进行布局设置，然后单击标准工具栏上的"发布"按钮，弹出"发布"对话框（如使用工作空间为"二维草图与注释"，则单击"输出"选项卡的"发布"按钮），如图 11-29 所示。

图 11-29　"发布"对话框

（2）如图 11-30 所示，单击"添加图纸"按钮，弹出"选择图形"对话框，添加要批量打印的文件，如图 11-31 所示。如果这些文件在不同的文件夹，则需要进行多次"添加图纸"操作。

在"发布为"选项组中单击"页面设置中指定的绘图仪"单选按钮，在"添加图纸时包含"选项组中根据需要勾选"模型选项卡"复选框或"布局选项卡"复选框，本例中由于只在图纸空间中进行打印，因此只勾选"布局选项卡"复选框。

图 11-30 添加图纸

图 11-31 选择要打印的文件

（3）如图 11-32 所示，在"图纸名"列表中，选择不需要的项目（用〈Ctrl〉或〈Shift〉键进行多选），按〈Delete〉键将其删除。

图 11-32 已选择的打印项目

（4）如图 11-33 所示，可选择一项，单击"预览"按钮进行预览。

图 11-33　预览

（5）如图 11-34 所示，单击"保存图纸列表"按钮 ，弹出"列表另存为"对话框，即可对所要打印的文件列表进行保存，如图 11-35 所示。

图 11-34　保存图纸列表

图 11-35　"列表另存为"对话框

（6）单击图 11-33 中的"发布"按钮，即可开始进行批量打印。

11.4　拼图打印

为了节省图纸，有时会将需要打印的几个图拼在一起打印。

（1）打开"底座.dwg"文件，弹出"指定字体给样式 STANDARD"对话框，选择"gbcbig.shx"，如图 11-36 中①所示，单击"确定"按钮。

图 11-36　指定字体样式

（2）系统又弹出"选择形文件"对话框，单击"取消"按钮，如图 11-37 所示。

图 11-37　"选择形文件"对话框

（3）为了省纸，可将不同比例的图拼在一张图里打印出来以查看效果或者检查是否有错误等。选择"插入"→"DWG 参照"菜单命令，弹出"选择参照文件"对话框，选择"螺钉.dwg"文件，单击"打开"按钮，如图 11-38 所示。

图 11-38　"选择参照文件"对话框

（4）系统弹出"附着外部参照"对话框，勾选所有的选项，如图 11-39 中①～④所示。单击"确定"按钮。

图 11-39　"附着外部参照"对话框

（5）用鼠标在屏幕中指定插入点，连续按三次〈Enter〉键，取默认值，完成引入外部参照的操作。用 MOVE 命令和缩放命令调整图样的位置，最终结果如图 11-40 所示。

图 11-40　引入外部参照并调整图样位置后的结果

（6）选择"文件"→"打印"菜单命令或者按快捷键〈Ctrl+P〉，弹出"打印-模型"对话框，在对话框中进行打印参数设置，如图 11-41 中①～⑤所示。

图 11-41　设置打印参数

（7）选择打印范围为"窗口"，单击"窗口"按钮，系统返回图形界面，框选要打印的范围，如图 11-42 中①②所示。系统转到"打印-模型"对话框，单击"预览"按钮，在预览的图形中右击，从弹出的快捷菜单中选择"打印"命令，如图 11-42 中③所示。至此完成拼图打印。

图 11-42　预览图形

11.5 习题

1. 在模型空间打印图 11-43 所示的图形。

图 11-43　在模型空间打印图形

2. 在图纸空间打印图 11-44 所示的反光片图形。

图 11-44　在图纸空间打印图形

精品教材推荐目录

序号	书号	书名	作者	定价	配套资源
1	978-7-111-53238-5	AutoCAD 2016 工程制图（第 5 版）	江 洪	45.00	电子教案 素材文件
2	978-7-111-52375-8	AutoCAD 2016 中文版机械绘图实例教程	张永茂	46..00	电子教案 素材文件
3	978-7-111-43594-5	AutoCAD 2014 实用教程(第 4 版)	邹玉堂	39.90	电子教案
4	978-7-111-40440-8	AutoCAD 2013 工程制图(第 4 版)	江 洪	39.00	电子教案 素材文件
5	978-7-111-48130-0	AutoCAD 2012 中文版应用教程	王 靖	39.90	电子教案 素材文件
6	978-7-111-52858-6	SolidWorks 2015 基础教程（第 5 版）	江 洪	49.00	素材文件 配光盘
7	978-7-111-47243-8	SolidWorks 2014 三维设计及应用教程	曹 茹	49.00	电子教案 素材文件
8	978-7-111- 52966-8	SolidWorks 2014 机械设计基础与实例教程	叶 鹏	49.00	电子教案 素材文件
9	978-7-111-37142-7	Solidworks 2011 基础教程(第 4 版)	江 洪	44.00	素材文件 配光盘
10	978-7-111-48622-0	Creo 2.0 基础教程	颜兵兵	45.00	素材文件 配光盘
11	978-7-111-32398-3	Pro/ENGINEER 5.0 基础教程	江 洪	39.00	配光盘
12	978-7-111-46643-7	UG NX 9.0 中文版基础与实例教程	李 兵	49.00	电子教案 配光盘
13	978-7-111-47745-7	UG NX 8.0 基础与实例教程	高玉新	45.00	电子教案 配光盘
14	978-7-111-40030-1	UG NX 8.0 模具设计教程	高玉新	45.00	电子教案 配光盘
15	978-7-111-31505-6	UG NX 7.0 基础教程(第 4 版)	江 洪	36.00	配光盘
16	978-7-111-17788-6	CATIA 基础教程	江 洪	28.00	电子教案
17	978-7-111- 53210-1	MATLAB 8.5 基础教程	杨德平	45.00	电子教案 素材文件
18	978-7-111-52482-3	MATLAB 基础与实践教程 （第 2 版）	刘 超	45.00	电子教案 素材文件
19	978-7-111-44475-6	MATLAB 建模与仿真应用教程 (第 2 版)	王中鲜	36.00	电子教案 素材文件
20	978-7-111-41818-4	ANSYS 基础与实例教程	张洪信	49.90	电子教案 配光盘